아빠요리

CYPRESS
싸이프레스

처음 맛보는 음식을 만나면 레시피가 궁금해서 식당 사장님께 따로 여쭙거나 책을 찾아가며 요리를 만들 정도로 요리에 관심이 많았어요. 결혼 후에도 요리와 친하게 지냈습니다.

아내도 저도 웹툰 작가이기 때문에 둘 중 한 명이 마감으로 바쁜 날엔 다른 한 명이 음식을 차려야 했거든요. 회사를 다니는 게 아니라 집에서 작업을 하기 때문에 집에서 음식을 만드는 일은 자연스럽고 당연한 일이었어요.

그런데 주변을 보니 저처럼 자연스럽게 요리를 하는 아빠들이 흔치 않더라고요. 늘 아침 일찍 출근하고, 저녁 늦게 퇴근하는 아빠들이 요리와 친하게 지내기란 쉽지 않은 일인 것 같아요. 하지만 주말이나 휴일에 아내를 대신해서 아빠가 식사를 준비해야 하는 상황이 있을 때가 있어요.

그럴 때 음식을 주문하거나 포장해서 먹을 수도 있겠지만 그날 하루만큼은 아빠가 요리사가 되어 사랑하는 아내와 아이들에게 따뜻한 식탁을 차려준다면 어떠할까요? 저는 식사 시간이 훨씬 행복해질 거라 생각해요.

　'내가 과연 요리를 만들 수 있을까?' 하는 걱정이 앞설 수도 있지만 뭐든지 처음은 서툴고 어색한 거니까 두려움은 잠시 접어두고 가족들이 맛있게 먹는 모습을 상상하면서 아빠 요리에 도전해 보시기 바랍니다. 한 번 두 번, 맛있는 식사를 대접하다 보면 점차 요리의 매력에 빠지게 되실 거예요.

　아빠가 만들어 주는 요리로 가족 모두 기쁘고 행복한 식사 시간을 누리시길 바라며 『아빠 요리』 책이 그 행복에 작은 보탬이 될 수 있기를 간절히 바라봅니다.

그럼, 아빠들 파이팅입니다! 파이팅!

PART 1
뚝딱, 아빠표 밥 한 그릇

PART 2
후루룩, 누구나 좋아하는 아빠표 면 요리

PART 3
한 끼 식사로도 충분해! 아빠표 빵집

PART 4
냠냠 쩝쩝, 아빠표 간식

PART 5
100% 성공하는 아빠표 손님 초대 요리

INTRO
준비하기

우리 아이에게 맛있는 요리를 만들어 주기 위해

계량하는 방법과 재료 써는 법,

요리 초보 아빠를 위한 단골 팁, 아빠들이 궁금해하는

질문을 모아두었어요. 우리 아이를 위해 처음 요리를

준비하는 아빠들의 궁금증을 해결해드려요.

간편하고 쉽게 계량해요

요리 초보 아빠에게는 계량법도 어렵게 느껴질 수 있어요. 그래서 준비했어요! 저울이 따로 없어도 집에서 쉽게 볼 수 있는 숟가락과 종이컵을 이용해 간편하게 계량할 수 있도록 표기하였어요.

🍚 가루 분량 재기

설탕(1숟가락)
숟가락으로 수북이 떠서 위로 볼록하게 올라오도록 담아요.

설탕(1/2숟가락)
숟가락으로 절반 정도만 볼록하게 담아요.

설탕(1/3숟가락)
숟가락의 1/3 정도만 볼록하게 담아요.

🍚 액체 분량 재기

간장(1숟가락)
숟가락 한가득 찰랑거리게 담아요.

간장(1/2숟가락)
숟가락의 가장 자리가 보이도록 절반 정도만 담아요.

간장(1/3숟가락)
숟가락의 1/3 정도만 담아요.

🍚 장류 분량 재기

고추장(1숟가락)
숟가락으로 가득 떠서 위로 볼록하게 올라오도록 담아요.

고추장(1/2숟가락)
숟가락의 절반 정도만 볼록하게 담아요.

고추장(1/3숟가락)
숟가락의 1/3 정도만 볼록하게 담아요.

🏮 다진 재료 분량 재기

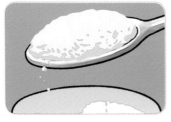

다진 마늘(1)
숟가락으로 수북이 떠서 꼭꼭 담아요.

다진 마늘(1/2숟가락)
숟가락의 절반 정도만 꼭꼭 담아요.

다진 마늘(1/3숟가락)
숟가락의 1/3 정도만 꼭꼭 담아요.

🏮 종이컵으로 분량 재기

물(1컵)
종이컵에 찰랑거리게
가득 담아요.

물(1/2컵)
종이컵의 절반보다
살짝 위로 올라오게 담아요.

물(1/3컵)
종이컵의 절반이 안 되도록
1/3 정도만 담아요.

🏮 손으로 분량 재기

시금치(1줌)
손으로 자연스럽게 한가득 쥐어요.

파스타(1줌)
쥐었을 때 면의 단면이 동전 100원
크기가 되도록 쥐어요.

소금(약간)
엄지와 집게손가락으로 집은 정도예요.

재료 써는 방법을 알려드려요

'에잇! 까짓 거 대충 툭툭 잘라서 넣으면 되는 거 아니야?'라고 생각하신 건 아니죠? 요리에 따라 재료를 알맞게 썰어야 양념도 잘 배고, 먹기도 좋답니다. 요리에 맞는 방법으로 차근차근 재료를 다듬어 보아요. 어렵지 않아요!

깍둑썰기
주사위 모양으로 네모반듯하게
써는 것을 말해요.

채썰기
무나 당근 등의 채소를
가늘고 길게 썰어요.

반달썰기
호박, 감자, 무 등의 둥근 재료를 길게
반으로 잘라 일정한 두께로 썰어요.

어슷썰기
오이, 당근, 파 등 긴 토막을 한쪽으로
비스듬하게 썰어요.

송송 썰기
쪽파, 대파, 고추 등의 모양을 그대로
살려 잘게 썰어요.

얇게 썰기
재료의 모양을 그대로 살려 일정하고
적당한 두께로 썰어요.

다지기
마늘이나 파, 고추 등의 재료를 아주 잘게
다져요. 곱게 채썰어 다시 작게 썰거나
칼끝을 도마에 고정시킨 채로 손잡이
부분만 움직여서 위아래로 왔다 갔다
하면서 다져요.

요리 초보 아빠를 위한 단골 팁을 모았어요

맛있는 볶음밥을 만들기 위한 비법 파기름 내기, 활용도 높은 달걀 요리, 탱글탱글하게 면 삶는 방법,
감칠맛 더해주는 육수 내는 방법 등 책에서 자주 사용되는 요리법은 알아두면 여기저기 응용하기 좋아요.

🎩 파기름 내기

파를 송송 썰어요.

프라이팬에 식용유를 두른 뒤 파를 넣고
중불에서 1분 정도 볶아요.

파기름 냄새가 올라오고 파가 살짝
노릇해지면 성공!

🎩 달걀 요리하기

– 반숙 달걀 프라이

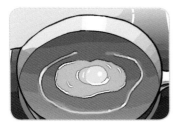

프라이팬에 식용유를 두 바퀴 두른 뒤
약불에서 달걀을 넣어요.

흰자가 익기 시작하면
소금을 약간 뿌려요.

흰자 끝부분이 노릇해지면
불을 끈 뒤 뚜껑을 닫고 30초 정도 둬요.

– 완숙 달걀 프라이

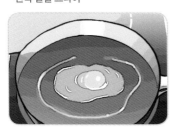

프라이팬에 식용유를 두 바퀴 두른 뒤
약불에서 달걀을 넣어요.

흰자가 익기 시작하면
소금을 약간 뿌려요.

흰자 끝부분이 노릇해지면 뒤집고
1분 정도 익혀요.

– 스크램블드에그

달걀을 충분히 풀어요.

프라이팬에 식용유를 한 바퀴 두른 뒤
중불에서 달걀물을 넣고 프라이팬을 살살
돌려 고루 퍼질 수 있도록 해요.

달걀이 살짝 익기 시작할 때
나무젓가락으로 저어주면 달걀이
뭉치면서 스크램블드에그가 완성돼요.

🍳 달걀 삶기

반숙 달걀을
만들고 싶다면
15분만 끓여요.

냄비에 물, 달걀, 소금(1숟가락)을 넣고
20분 동안 끓여요

달걀을 찬물에 담가 5분 정도 식힌 뒤
껍질을 까요.

🍳 국수 삶는 법

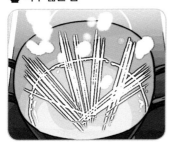

냄비에 물을 넣고 끓인 뒤
국수면을 넣어요.

국수끼리 붙지 않도록
젓가락으로 저어주세요.

물이 끓어오르면 찬물 1컵을 넣고 끓이는
과정을 2번 반복해요.

찬물에 면을 넣고 헹군 뒤 체에
받쳐 물기를 빼요.

🧤 스파게티면 삶는 법

면끼리 붙지 않도록 중간중간
젓가락으로 저어주세요.

냄비에 물과 소금(1/2숟가락)을
넣고 끓여요.

스파게티면을 넣고
10분 정도 끓여요.

익은 면은 체에 받쳐 물기를 빼요.

🧤 멸치다시다육수 만드는 법 – 재료 물 7½컵, 다시마(5cm×5cm) 3개, 국물용 멸치 5개

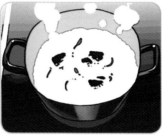

냄비에 물, 다시마,
멸치를 넣고 센불로 끓여요.

물이 부글부글 끓으면 중불로 줄이고
5분간 더 끓여요.

다시마와 멸치를 건져내고 육수는
체나 면보에 걸러요.

🧤 채소육수 만드는 법 – 재료 물 7½컵, 양파 1개, 대파 1대

냄비에 물을 넣고 큼직하게 썬 양파와
대파를 넣고 센불로 끓여요.

물이 부글부글 끓으면 중불로 줄이고
5분간 더 끓여요.

양파와 대파를 건져내고 육수는 체나
면보에 걸러요.

요리 초보 아빠를 위한 Q&A

요리가 처음이라 두려운 아빠들을 위한 질문을 모아 두었어요.
이제 자신감을 가지고 사랑스러운 우리 아이를 위해 맛있는 요리를 해주세요!

 저는 요리를 한 번도 해본 적이 없는 데 맛을 낼 수 있을까요?

 맛이란 간을 맞추는 거라고 생각해요. 짠맛을 기준으로 한다면 처음 요리할 때 간을 조금씩 하며 더해 가면 돼요. 처음부터 짜게 만들거나 맛을 강하게 하면 다시 간을 맞추기가 어려워지거든요. 요리 중간중간 계속 간을 보며 조절하면 요리 초보 아빠도 금방 맛을 낼 수 있을 거예요.

 아이들 음식 간은 어떻게 맞춰야 하나요?

 아이들 음식 간은 어른들 간보다 약하게 해주세요. 예를 들어 어른 음식에 간장 1숟가락이 들어간다면 아이들 음식엔 1/2숟가락 정도로 간을 맞춰주세요. 아이들이 싱겁다고 하면 김치나 반찬을 곁들여 주세요. 어렸을 때부터 건강한 입맛을 책임져 주는 멋진 아빠가 되어보세요!

몸에 좋은 채소는 어떻게 해야 아이들이 잘 먹을까요?

 편식하는 아이 중 채소를 안 먹는 아이들이 많죠. **채소만 따로 요리하기보다는 아이들이 좋아하는 음식에 아주 작게 다진 채소를 조금씩 섞어 먹이는 게 좋아요.** 예를 들어 볶음밥에 섞어 넣거나 피자를 만들 때 다진 채소를 넣고 치즈를 올려 눈에 안 보이게 하는 방법이 있어요.

 아이들과 함께 요리를 할 수 있는 간단한 메뉴가 있을까요?

 아빠가 요리하면 아이들은 더 궁금해하고 같이 하고 싶어 한답니다. 하지만 불을 쓰고 칼을 사용하기 때문에 아이들과 함께 하지 못하는 요리가 대부분이지만 **가장 안전하고 같이 할 수 있는 빵과 달걀 요리를 추천해요.** 프렌치토스트(124p)는 정말 간단하기 때문에 달걀을 깨서 휘젓고, 빵을 담가 적시는 등 아이들과 함께 할 수 있어요. 달걀양상추토스트(134p)는 아빠가 재료를 준비해주면 아이들이 잼도 바르고 재료도 넣고 직접 만드는 재미가 있어요. 함께 요리를 하다 보면 아이와 아빠 사이에 친밀하고 행복한 유대감이 쌓이게 될 거예요. 또한 함께 요리를 만들면서 **자연스럽게 협동심과 배려심도 배우게 되죠. 아이와 함께 하는 요리는 신체와 정서발달에 큰 도움을 줄 거예요.**

PART 1

뚝딱, 아빠표 밥 한 그릇

하루 세 번, 때가 되면 울리는 배꼽시계!

엄마가 없다고 아이 끼니를 거를 수 없죠.

아빠도 아이들에게 맛있는 밥을 만들어줄 수 있어요!

초보 아빠들의 걱정을 덜어줄 한 그릇 요리를 소개합니다.

채소볶음밥

분량 **1인분**
조리시간 **15분**

냉장고에 있는 각종 채소들을 어떻게 처리할까 고민될 때는 채소볶음밥을 만들어 보세요.
당근, 양파, 파프리카까지 색색이 잘게 다진 채소들로 식감과 함께 영양까지 챙길 수 있어요.

🍄 준비하기

양파 1/4개, 당근 1/4개, 파프리카 1/4개, 브로콜리 1/4개, 대파 1/3대, 달걀 1개, 밥 1공기,
진간장 1숟가락, 참기름 1숟가락, 소금 약간

채소가
너무 많이 있네…

그래! 오늘은
너희들을
다 없애주마!
다다다다!

🍲 만들기

1

다다다다!

양파, 당근, 파프리카,
브로콜리는 작게 썰고,
대파는 송송 썰어요.

2

달궈진 프라이팬에
식용유를 한 바퀴 둘러요.

3

채소를 모두
프라이팬에 넣고
볶아요.

4

볶은 채소를 한쪽에 몰아두고
스크램블드에그를 만들어요.

TIP 스크램블드에그 만드는 방법 014p 참고

5

밥을 넣고
섞어준 뒤 간장으로
간을 해요.

6

참기름과 소금을 넣고
섞어요.

오므라이스

각종 채소들이 담긴 영양 만점 볶음밥 위에 고소한 달걀지단과 케첩까지 뿌려서
내어준다면 아이들 입맛을 한번에 사로잡을 수 있을 거예요!

🍲 준비하기

양파 1/4개, 당근 1/4개, 대파 1/3대, 밥 1공기, 소금 약간, 달걀 2개, 케첩 적당량

여보~ 당신도 마스크팩 좀 해요~

그래, 이거야!

아침에 뭐 먹을까 고민 중이었는데~

오므라이스 해 먹자~

예~

🍳 만들기

1 양파와 당근은 작게 썰고, 대파는 송송 썰어요.

2 프라이팬에 식용유를 한 바퀴 두른 뒤 채소를 넣고 볶아요.

3 밥을 넣고

소금으로 간을 한 뒤 잘 볶아 그릇에 옮겨요.

4 달걀을 충분히 풀어요.

5 달군 팬에 식용유를 약간 두르고 키친타월로 가볍게 닦은 뒤 달걀물을 부어요.

6 볶아둔 밥을 달걀지단 한쪽에 올려요.

7 달걀로 밥을 감싸 그릇에 옮겨 담은 뒤 케첩을 뿌려요.

TIP 프라이팬 손잡이를 잡고 살살 돌리면 달걀 물이 고루 펴져요.

03 김치볶음밥

분량 **1인분**
조리시간 **15분**

신김치를 맛있게 처리하는 방법! 찬물에 헹군 신김치를 잘게 썰어 기름에 달달 볶으면 맛있는 김치볶음밥이 완성돼요. 고소한 참기름에 달걀 프라이까지 더해지면 완벽한 김치볶음밥 완성!

준비하기

김치 1½컵, 대파 1/2대, 설탕 1숟가락, 진간장 1/2숟가락, 밥 1공기,
참기름 1숟가락, 달걀 1개, 깨소금 약간

뜨헉!

신김치부터 열무김치까지 냉장고에 김치가 한가득 있네!

좋았어! 김치볶음밥부터 시작하지!

만들기

1

김치를 흐르는 물에 살짝 씻어 작게 썰고, 파는 송송 썰어요.

2

달군 프라이팬에 식용유를 두 바퀴 두르고

송송 썬 파를 넣고 파 향이 퍼질 때까지 볶아요.

3

김치를 넣고 살짝 볶아요.

4

설탕과 간장으로 간을 한 뒤 김치가 익을 때까지 볶아요.

5

밥을 넣고 고루 섞은 뒤 참기름을 둘러요.

6

달걀 프라이(반숙)를 만들어요.

7

김치볶음밥에 달걀 프라이를 올린 뒤 깨소금을 뿌려요.

TIP 달걀 프라이하는 방법 013p 참고

04 참치볶음밥

분량 **1인분**
조리시간 **15분**

마땅한 반찬이 없을 때 참치 통조림에 당근, 양파, 대파를 썰어 넣고 함께 볶아주세요.
간장과 참기름으로 간을 맞춰 아이들 입맛에도 딱 맞을 거예요.

🍳 준비하기

양파 1/4개, 당근 1/4개, 대파 1/2대, 참치 통조림(소) 1개, 간장 1/2숟가락, 밥 1공기,
소금 약간, 참기름 1/2숟가락

첨벙~

샤샤샤삭!

오늘은 너로 정했다!!

참치

🍳 **만들기**

1

양파와 당근은 작게 썰고, 대파는 송송 썰어요.

2

참치 통조림의 기름을 빼요.

3

달군 프라이팬에 식용유를 두 바퀴 두르고~

4

송송 썬 파를 넣고 파 향이 퍼질 때까지 볶아요.

5

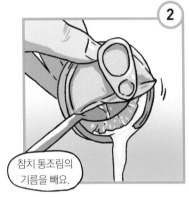

양파와 당근을 넣고 볶아요.

6

참치와 간장을 넣고 섞어요.

7

밥을 넣고 주걱으로 고루 섞은 뒤

소금과 참기름으로 간을 맞춰요.

치킨마요덮밥

분량 **1인분**
조리시간 **15분**

먹다 남은 치킨의 대변신! 마요네즈와 간장 소스가 감칠맛을 더해요.
고소하고 짭조름한 맛에 아이들 인기 최고 메뉴로 등극할 거예요.

🍳 준비하기

치킨 2조각, 양파 1/4개, 달걀 2개, 밥 1공기, 마요네즈 1숟가락

소스 재료: 설탕 1숟가락, 간장 1숟가락, 굴소스 1/2숟가락, 물 1/4컵

뭐 먹니?

어제 먹다 남은 치킨이요!

스톱!

치킨마요덮밥으로 업그레이드 해줄게!

먹더라도 맛있게 먹어야지~

🍚 만들기

1

치킨은 살코기를 바르고,

양파는 채썰어요.

2

소스 재료를 섞어요.

3

냄비에 소스 재료와 양파를 넣고 센불로 끓여요.

끓기 시작하면 약불에서 졸여요.

4

달걀을 충분히 풀어요.

5

프라이팬에 식용유를 약간 두른 뒤 스크램블드에그를 만들어요.

6

밥 위에 스크램블드에그를 올리고 졸인 양파와 소스를 얹어요.

7

치킨을 올린 뒤 마요네즈를 뿌려요.

TIP 스크램블드에그 만드는 방법 014p 참고

참치김치볶음밥

분량 **1인분**
조리시간 **15분**

김치를 볶은 뒤 참치 통조림을 넣고 간장과 참기름으로 간을 하고 매실액으로 단맛을 추가해요.
참치의 고소한 맛이 김치와 어우러져 맛있는 볶음밥이 완성된답니다.

🍳 준비하기

김치 1½컵, 대파 1/2대, 참치 통조림(소) 1개, 참기름 1숟가락,
진간장 1/2숟가락, 밥 1공기, 매실액 1숟가락

참치는 친구가 없어 늘 외로웠어…

그러다가 이름이 비슷한 친구를 만난 거야!

친구 이름이 뭔데요?

🍲 만들기

1

바로 김치!

참치김치볶음밥이나 해주세요…

2

김치는 먹기 좋은 크기로 썰고, 대파는 송송 썰어요.

3

참치 통조림의 기름을 빼요.

4

달군 프라이팬에 식용유를 두 바퀴 두르고~

송송 썬 파를 넣고 파 향이 퍼질 때까지 볶아요.

5

김치를 넣고 살짝 볶아요.

6

김치가 어느 정도 익으면 참치를 넣고

참기름과 간장으로 간을 해요.

7

밥을 넣고 고루 섞은 뒤 매실액으로 단맛 추가요~!

TIP 마지막은 약불에서 조리해요.

07 달걀볶음밥

분량 **1인분**
조리시간 **15분**

백종원 아저씨가 알려준 꿀팁인 파기름을 낸 뒤 달걀을 스크램블드에그를 만들어
간장과 참기름으로 간을 해요. 아이가 있는 집이라면 냉장고에 항상 구비된 달걀로
우리 아이들 단백질까지 보충해줄 수 있어요!

🍲 **준비하기**

대파 1/2대, 달걀 2개, 밥 1공기, 진간장 1숟가락, 참기름 1숟가락

으악~! 냉장고가 텅 비었네~!

텅~

휴~ 그래도 달걀이랑 파가 있네.

다행이다. 요리 할 수 있어서…

🍲 **만들기**

1

파는 송송 썰어요.

2

달군 프라이팬에 식용유를 두 바퀴 두르고~

파를 넣고 파 향이 퍼질 때까지 볶아요.

3

파를 한쪽에 몰아두고 스크램블드에그를 만들어요.

TIP 스크램블드에그 만드는 방법 014p 참고

4

밥을 넣고 고루 섞어요.

5

간장으로 간을 해요.

6

참기름을 두르면 완성!

스팸밥

분량 1인분
조리시간 15분

짭짤한 맛으로 아이들 입맛 사로잡는 스팸!
프라이팬에 노릇하게 구워 스크램블드에그를 곁들이면 다른 반찬은 필요 없어요.

🍄 준비하기

스팸 2/5통, 달걀 2개, 후춧가루 약간, 밥 1공기

그동안 아이 엄마 눈치 보느라 못 먹었던 스팸…

이얏호!! 오늘은 엄마가 외출하는 날!

아빠가 스팸 못 먹은 한을 풀어 줄게요!

바로 스팸밥으로 말이죠~

🍲 만들기

1

스팸은 모양을 살려 썰어요.

2

프라이팬에 스팸을 노릇하게 구워요.

3

스팸을 한쪽에 몰아두고 식용유를 한 바퀴 두르고 스크램블드에그를 한 뒤

후춧가루를 뿌려요.

TIP 스팸에서 기름이 나와 식용유를 넣지 않아도 돼요.

TIP 스크램블드에그 만드는 법 014p 참고

4

접시에 밥을 담고 스팸을 올리고 스크램블드에그를 곁들여요.

09 달걀프라이간장비빔밥

분량 **1인분**
조리시간 **10분**

어릴 때 엄마가 자주 해주시던 추억의 달걀프라이간장비빔밥을 우리 아이들에게도 만들어 주세요.
달걀과 간장, 참기름만 있으면 고소하고 맛있는 한 끼 식사가 탄생돼요!

있는 건
달걀뿐…

이럴 땐… 간장과
참기름만 있으면 오케이!

🍚 만들기

1

프라이팬에 식용유를
두 바퀴 두르고~

2

달걀 프라이
(반숙)를 해요.

3

따뜻한 밥 위에
달걀 프라이를 올려요.

TIP 달걀 프라이 하는 법 013p 참고

4

간장과 참기름을
뿌린 뒤 비벼요.

10 새우볶음밥

분량 **1인분**
조리시간 **15분**

탱글탱글한 새우는 아이들에게 특히 인기가 좋아요! 냉동실에 넣어둔 칵테일 새우를 꺼내 물에 씻어 해동한 뒤 양파와 대파를 곁들여 식감 좋은 새우볶음밥을 만들어요.

🍄 준비하기

양파 1/2개, 당근 1/4개, 대파 1/2대, 새우 살 1줌, 달걀 2개, 밥 1공기, 진간장 1숟가락,
소금 약간, 참기름 1숟가락

뒤적뒤적

쿵!

허걱! 언제 샀는지 기억도 안 나는 새우가!

완전 돌덩어리네…

내가 너희들을 뜨겁게 해주리라~

🏠 만들기

1

양파와 당근은 작게 썰고, 대파는 송송 썰어요.

냉동 새우 살은 물에 담가 해동해요.

2

달군 프라이팬에 식용유를 두 바퀴 두르고~

다진 파를 넣고 파 향이 퍼질 때까지 볶아요.

3

양파, 당근, 새우 살을 넣고 볶아요.

4

새우가 익으면 당근, 양파, 새우 살을 한쪽에 몰아두고

스크램블드에그를 만들어요.

5

밥을 넣고 고루 섞은 뒤 간장으로 간을 해요.

6

소금을 약간 뿌린 뒤 참기름을 둘러요.

TIP 스크램블드에그 만드는 방법 014p 참고

멸치볶음밥

분량 1인분
조리시간 15분

항상 냉동실을 지키고 있는 멸치! 밑반찬으로 만들어 먹어도 좋지만 간단하게 볶음밥을
만들어 먹을 수도 있어요. 얇게 썬 마늘과 멸치를 함께 볶아주세요.
성장기 아이들의 맛과 건강을 책임지는 맛있는 볶음밥이 탄생된답니다.

🍳 준비하기

마늘 5쪽, 잔멸치 1/2공기, 진간장 1숟가락, 올리고당 2숟가락, 밥 1공기, 참기름 1숟가락

DHA, 칼슘, 단백질…

?

이거 한 끼면 이 모든 영양소를 한번에 섭취할 수 있어! 게임 끝!

?

바로 멸치볶음밥! 아빠가 맛있게 볶아줄게~

🍲 만들기

1

마늘은 얇게 썰어요.

2

달궈진 프라이팬 잔멸치를 2분 정도 볶은 뒤 체에 밭쳐 불순물을 제거해요.

3

프라이팬에 식용유를 한 바퀴 두르고 중불에서 마늘과 멸치를 볶아요.

TIP 멸치의 비린 냄새를 잡아줘요.

4

약불로 줄인 뒤 간장과 올리고당을 넣고 타지 않도록 볶아요.

5

밥을 넣고 고루 섞어요.

6

참기름을 둘러 고소함을 더해요.

멸치주먹밥

간단하게 만들 수 있는 멸치주먹밥은 아침 식사 메뉴로 좋아요! 바쁠 때도 건강하게 영양까지
챙길 수 있어요. 한입 크기로 만들어 우리 아이 입에 쏘옥~ 넣어주세요.

🍄 준비하기

잔멸치 1/2컵, 진간장 1숟가락, 올리고당 2숟가락, 밥 1공기, 참기름 1숟가락, 소금 약간, 김가루 적당량

얘들아~
멸치의 비밀을
알려줄까?

멸치에는 칼슘이
풍부해서 우리 뼈를
튼튼하게 해줘~

불끈!

그래서 준비했어~
멸치주먹밥!

예~
예~

🍲 만들기

1

달궈진 프라이팬에 잔멸치를
2분 정도 볶은 뒤 체에 밭쳐
불순물을 제거해요.

TIP 멸치의 비린 냄새를 잡아줘요.

2

멸치에
간장과 올리고당을
넣고 볶아요.

3

볼에 밥을 넣고 살짝 식힌 뒤
참기름과 소금으로 간을 하고
멸치를 넣고 섞어요.

4

동글동글 한입 크기로
뭉친 뒤 김가루를 뿌려요.

닭가슴살볶음밥

분량 **1인분**
조리시간 **20분**

닭가슴살이 퍽퍽하다는 건 편견! 끓는 물에 익힌 닭가슴살을 작게 썰어 당근, 양파 등의 채소와
함께 볶아내면 퍽퍽함은 사라지고 맛 좋고 든든한 한 끼 식사가 완성된답니다.

🥦 **준비하기**

닭가슴살 1덩이, 양파 1/4개, 당근 1/4개, 대파 1/2대, 밥 1공기, 굴소스 1/2숟가락,
진간장 1숟가락, 참기름 1숟가락

만들기

1 끓는 물에 닭가슴살을 넣고 익혀요.

여보! 닭가슴살이 왜 이렇게 많아?

운동할 때 먹으려고 샀는데…

운동을 안 했어…

…

대신 닭가슴살볶음밥 해줄게~

운동은 안해도 요리는 하는 남자!

2 양파와 당근은 작게 썰고, 대파는 송송 썰어요.

3 익은 닭가슴살은 깍둑썰어요.

4 파기름을 낸 뒤 닭가슴살을 넣고 볶아요.

TIP 파기름 내는 방법 013p 참고

5 양파와 당근을 넣고 볶아요.

6 채소가 익으면 밥을 넣고 고루 섞은 뒤

굴소스와 간장으로 간을 해요.

7

참기름을 둘러 마무리.

시금치볶음밥

분량 **1인분**
조리시간 **15분**

한 그릇을 먹이더라도 이왕이면 영양가 있게 먹이고 싶은 게 부모 마음이죠.
오늘은 영양만점 시금치볶음밥을 만들어 줘보세요. 뽀빠이 기운이 솟아날 거예요!

🍲 준비하기

시금치 1줌, 양파 1/4개, 후춧가루 약간, 굴소스 1숟가락, 달걀 2개, 밥 1공기,
소금 약간, 참기름 1숟가락

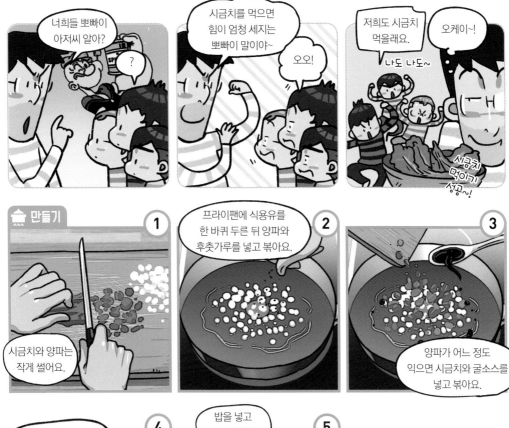

너희들 뽀빠이 아저씨 알아?

?

시금치를 먹으면 힘이 엄청 세지는 뽀빠이 말이야~

오오!

저희도 시금치 먹을래요.

오케이~!

나도 나도~

시금치 먹이기 성공~!

🍲 만들기

1 시금치와 양파는 작게 썰어요.

2 프라이팬에 식용유를 한 바퀴 두른 뒤 양파와 후춧가루를 넣고 볶아요.

3 양파가 어느 정도 익으면 시금치와 굴소스를 넣고 볶아요.

4 볶은 채소는 한쪽에 몰아두고 스크램블드에그를 해요.

5 밥을 넣고 고루 섞은 뒤 소금으로 간을 하고 참기름을 둘러요.

TIP 스크램블드에그 만드는 방법 014p 참고

15 마늘볶음밥

분량 1인분
조리시간 10분

얇게 썬 마늘을 기름에 달달 볶아보세요.
마늘의 풍미와 달걀의 담백하고 고소한 맛이 똘똘 뭉쳐 우리 아이의 입맛까지 사로잡을 거예요.

🍄 준비하기

마늘 5쪽, 달걀 2개, 밥 1공기, 소금 약간, 진간장 1숟가락, 참기름 1숟가락

마늘이 그렇게
몸에 좋대~

알지~ 그래서 당신 없을 때
애들이랑 마늘볶음밥 만들어서
먹었어~

얼마나 먹은 거야…
마늘 냄새가….

🍲 만들기

1

마늘을 얇게
썰어요.

2

프라이팬에 식용유를
두 바퀴 두르고 마늘을
넣어 노릇해질 때까지
볶아요.

3

마늘을 한쪽에 몰아두고
스크램블드에그를 해요.

TIP 스크램블드에그 만드는 방법 014p 참고

4

밥을 넣고
고루 섞은 뒤

소금과 간장으로
간을 해요.

5

참기름을 둘러
마무리.

케첩볶음밥

달콤한 맛으로 아이들의 사랑을 듬뿍 받고 있는 케첩은 볶음밥에 이용해도 안성맞춤이지요.
양파, 당근, 대파 등 냉장고에 있는 채소를 활용해 간장과 소금으로 살짝 간을 하고
케첩을 듬뿍 넣어 새콤달콤한 토마토케첩볶음밥을 만들어 주세요.

🍳 준비하기

양파 1/4개, 당근 1/4개, 대파 1/2대, 밥 1공기, 진간장 1/2숟가락,
소금 약간, 케첩 2숟가락

매운 거
싫어~

김치볶음밥
안 맵게 했어~
먹어봐~

김치 맵단
말이야~

아!

그래~ 랄라도 먹을 수
있는 토마토케첩볶음밥을
만들자!

🍲 만들기

1

양파와 당근은
작게 썰고, 대파는
송송 썰어요.

2

프라이팬에
식용유를 두 바퀴
두르고~

3

양파, 당근, 대파를 넣고
익을 때까지 볶아요.

4

밥, 케첩, 간장,
소금을 넣고
고루 섞어요.

참치마요덮밥

분량 **1인분**
조리시간 **15분**

참치 통조림에 고소한 마요네즈로 맛을 더하고, 간장 소스로 맛을 낸 양파를 곁들어 비벼 먹어요.
손쉽게 만들 수 있는 참치마요덮밥이지만 아이들이 정말 좋아해요.

🧑‍🍳 준비하기

참치 통조림(소) 1캔, 마요네즈 2숟가락, 양파 1/2개, 달걀 2개, 밥 1공기, 김가루 적당량

소스 재료: 설탕 1숟가락, 진간장 1숟가락, 굴소스 1/2숟가락, 물 1/4컵

따뜻한 밥 한 공기 준비됐니?

네~!

따뜻한 밥 위에 맛있는 참치마요를 얹어주마!

 🍲 **만들기**

1

참치 통조림의 기름을 뺀 뒤 마요네즈를 넣고 섞어요.

2

양파는 채썰어요.

3

소스 재료를 섞어요.

4

냄비에 소스 재료와 양파를 넣고 센불로 끓여요.

끓기 시작하면 약불에서 졸여요.

5

프라이팬에 식용유를 약간 두르고 스크램블드에그를 만들어요.

6

밥 위에 스크램블드에그를 올리고 졸인 양파와 소스를 얹어요.

7

참치를 얹고 김가루, 마요네즈를 뿌려요.

TIP 스크램블드에그 만드는 방법 014p 참고

햄치즈볶음밥

분량 **1인분**
조리시간 **15분**

아이들이 엄지 척! 날려줄 햄치즈볶음밥. 각종 채소와 햄을 넣고 잘 볶아진 볶음밥에 고소한 치즈 한 장 올려주면 입맛 없던 아이들도 아주 맛있게 먹을 수 있을 거예요!

🍳 **준비하기**

햄 1/4개, 당근 1/4개, 양파 1/2개, 대파 1/3대, 달걀 1개, 밥 1공기, 소금 약간,
진간장 1숟가락, 치즈 1장

얘들아~ 세상에서 제일 잘 어울리는 재료가 뭔 줄 아니?

바로…

햄과 치즈지!

맞아요!

🍚 **만들기**

1

햄은 깍뚝썰고, 당근과 양파는 먹기 좋은 크기로 썰어요.

파는 송송 썰어요.

2

달군 프라이팬에 식용유를 두 바퀴 두른 뒤 다진 파를 넣고 파 향이 퍼질 때까지 볶아요.

3

당근과 양파를 넣고 볶아요.

4

당근이 적당히 익으면 햄을 넣고 볶아요.

볶은 채소를 한 쪽에 몰아두고 스크램블드에그를 만들어요.

5

밥을 넣고 고루 섞은 뒤

소금과 간장으로 간을 해요.

6

불을 끄고 치즈를 얹은 뒤 잔열로 녹여요.

054

055

김우엉주먹밥

분량 **1인분**
조리시간 **10분**

냉장고에 있던 우엉조림을 활용해 주먹밥으로 만들어 보세요.
작게 썬 우엉에 참기름을 넣어 밥과 함께 조물조물 뭉친 뒤 김가루를 뿌려주면
우엉 싫어하는 아이들도 맛있게 먹을 수 있어요!

🍴 준비하기

우엉조림 1/2컵, 밥 1공기, 참기름 1숟가락, 소금 약간, 김가루 적당량, 통깨 적당량

여보! 냉장고에 우엉조림 있던데 먹을래?

아니…

그럼?

우엉 주먹밥으로 먹자~

우엉은 반찬보다는 주먹밥이지~

그레잇~!

🍲 만들기

1 우엉조림은 작게 썰어요.

2 볼에 밥을 넣고 살짝 식힌 뒤 참기름과 소금으로 간을 해요.

3 우엉조림을 넣고 섞어요.

4 먹기 좋은 크기로 동그랗게 뭉쳐요.

5 주먹밥 위에 김가루와 통깨를 뿌려요.

참치마요주먹밥

분량 1인분
조리시간 10분

참치마요주먹밥은 불을 사용하지 않아 아이들과 함께 만들어 먹기 좋아요.
참치에 마요네즈를 섞었을 뿐인데 고소함이 배로 늘어나고 맛도 최고랍니다.

🍳 준비하기

참치 통조림(소) 1캔, 마요네즈 2숟가락, 소금 약간, 밥 1공기, 검은깨 약간, 참기름 1숟가락,
후춧가루 약간, 김가루 적당량

가위 바위 보!

이겼다!

이 주먹 안에 뭐가 들어가야 맛있을까?

?

바로 참치마요지!

아하~!

🍚 만들기

1

볼에 기름을 뺀 참치 통조림과

마요네즈, 소금을 넣고 섞어요.

2

밥은 살짝 식힌 뒤 검은깨, 참기름, 소금, 후춧가루를 넣고 간을 해요.

3

밥을 주먹만 한 사이즈로 둥그랗게 빚어 가운데를 움푹하게 누른 뒤 참치를 적당히 넣어요.

4

밥을 덮어 모양을 잡아요.

꾹꾹~ 둥글둥글~

5

주먹밥 위에 김가루를 뿌려요.

21 김밥

분량 **2인분**
조리시간 **30분**

아이들과 함께 김밥을 만들어 보세요. 식사 시간 그 이상의 특별함을 줄 수 있답니다.
커다란 김 위에 밥을 올리고 길쭉하게 썬 당근, 햄 등을 넣어 만든 김밥은
사랑과 정성이 담긴 추억의 시간을 선물해줄 거예요.

🍄 준비하기

햄 1/2개, 당근 1/2개, 대파 1/2대, 단무지 2줄, 밥 1½공기, 참기름 1숟가락, 소금 약간,
돌김 2장, 참기름 약간

🥢 만들기

아빠~ 오늘은 김밥이
먹고 싶어요~

그래? 김밥 집에
전화를…

아빠표 김밥이
먹고 싶어요~!

롸잇나우~!

1

햄, 당근, 파 등을 길게
썰어요.

2

프라이팬에 식용유를 한 바퀴
두른 뒤 당근, 파, 햄을 볶아요.

3

밥에 참기름과 소금으로
간을 해요.

4

김발 위에 김을 깔고
밥 한 주먹을 얹고 고루 펴요.

TIP 밥은 김의 2/3 지점까지만 펴줘요.

5

가운데에 준비한
재료를 올려요.

6

양손으로 김 끝부분을 잡고
안으로 당기면서 말아요.

TIP 김 끝에 물을 살짝 발라주면 잘 붙어요.

7

참기름을 김에 고루
바른 뒤 썰어요.

밑반찬비빔밥

분량 1인분
조리시간 10분

냉장고에 있는 밑반찬에 참기름을 살짝 둘러 맛있게 비벼주세요.
달걀 프라이와 매실액을 넣으면 전주비빔밥 부럽지 않은 훌륭한 비빔밥이 완성된답니다.

준비하기

달걀 1개, 밥 1공기, 밑반찬 적당량, 참기름 1/2순가락, 진간장 1/2순가락, 매실액 1/2순가락

하아… 오늘은 요리하기 싫은 날…

얘들아~ 오늘은 그냥 간단하게 반찬이랑…

어? 오늘은 맛있는 거 안 해주세요?

비벼 먹자~~

예~~~

만들기

1

프라이팬에 식용유를 두 바퀴 두른 뒤

2

달걀 프라이(반숙)를 해요.

3

밥에 집에 있는 밑반찬을 넣어요.

TIP 달걀 프라이는 하는 법 013p 참고!

4

참기름, 간장, 매실액을 넣어.

5

달걀 프라이를 올려요.

토마토볶음밥

분량 **1인분**
조리시간 **20분**

몸에 좋은 토마토는 그냥 먹어도 좋지만 기름에 볶으면 영양가가 한층 업그레이드돼요.
깨끗이 닦은 토마토를 으깨 대파, 달걀과 함께 볶으면 몸에 좋은 토마토볶음밥 완성!

🍳 준비하기

방울토마토 8개, 당근 1/4개, 대파 1/2대, 소금 약간, 후춧가루 약간, 달걀 2개,
진간장 1숟가락, 밥 1공기

울퉁불퉁 멋진 몸매에~

빨간 옷을 입고~

새콤달콤 향기 풍기는~

토마토볶음밥~

🍳 만들기

1

토마토는 꼭지를 떼고 주걱으로 으깨요.

2

당근은 채썰고, 파는 송송 썰어요.

3

파기름을 낸 뒤 당근을 넣고 볶아요.

TIP 파기름 내는 방법 013p 참고

4

으깬 토마토, 소금, 후춧가루를 넣고 살짝 볶은 뒤 프라이팬 한쪽으로 모아요.

5

스크램블드에그를 만든 뒤 볶은 토마토 섞어 간장으로 간해요.

TIP 스크램블드에그 만드는 방법 014p 참고

6

밥을 넣고 고루 섞은 뒤 소금으로 간을 맞춰요.

카레

분량 **4인분**
조리시간 **20분**

채소를 볶아 물을 붓고 카레가루만 넣어 끓여주면 뚝딱 완성되는 카레.
만드는 방법은 아주 간단하지만 맛은 일품 요리 저리 가라 할 거예요.

🍲 준비하기

감자 2개, 당근 1개, 양파 1개, 물 3½컵, 카레가루 1봉, 달걀 1개, 밥 4공기

🏠 만들기

1

감자, 당근, 양파는 깍뚝썰어요.

2

냄비에 식용유를 두 바퀴 두른 뒤 손질한 채소를 넣고 볶아요.

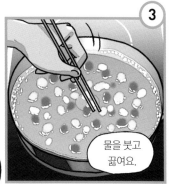

3

물을 붓고 끓여요.

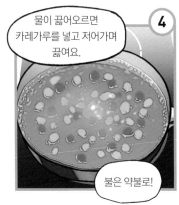

4

물이 끓어오르면 카레가루를 넣고 저어가며 끓여요.

불은 약불로!

5

달걀 프라이(반숙)를 해요.

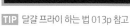

TIP 달걀 프라이 하는 법 013p 참고

6

밥 위에 카레를 올리고 달걀 프라이를 얹어요.

짜장

분량 **4인분**
조리시간 **20분**

카레와 같은 방법으로 손쉽게 만들 수 있는 짜장! 짜장 안 좋아하는 아이가 있을까요?
냉장고에 쟁여두고 싶은 우리 아이 인기 메뉴가 될 거예요.

준비하기

감자 2개, 당근 1/2개, 양파 1개, 물 3½컵, 짜장가루 1봉, 달걀 1개, 밥 4공기

뭐 먹을 게 없나…

뒤적뒤적

이것은 짜장가루?!

오늘 한 끼는 짜장밥으로 해결한다!

만들기

1

감자, 당근, 양파는 깍뚝썰어요.

2

냄비에 식용유를 두 바퀴 두른 뒤 손질한 채소를 넣고 살짝 볶아요.

3

물을 붓고 끓여요.

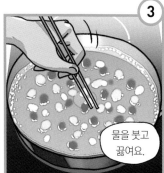

4

물이 끓어오르면 짜장가루를 넣고 저어가며 끓여요.

5

달걀 프라이(반숙)를 해요.

6

밥 위에 짜장을 올리고 달걀 프라이를 얹어요.

TIP 달걀 프라이 하는 법 013p 참고

26 무밥

분량 4인분
조리시간 40분

겨울에 더 생각나는 무밥. 뜨끈한 무밥에 양념장을 넣어 슥슥 비벼 먹으면
반찬이 따로 필요 없어요. 초간단 무밥으로 아이들의 입맛을 사로잡아보세요!

🍳 준비하기

쌀 3컵, 무 1/2개, 물 2½컵, 대파 1/2대

양념장 재료: 설탕 1숟가락, 고춧가루 3숟가락, 다진 마늘 1숟가락, 진간장 6숟가락,
참기름 1/2숟가락, 매실액 1숟가락, 통깨 약간

여보~ 배고프지 않아요?

얼른 밥을…

잠깐!

다다다다다

?

남은 무도 해치울 겸 무밥 만들어서 먹자!

좋지~

🍲 만들기

1

쌀은 씻어 물에 10분 정도 불려요.

2

무는 채썰어요.

3

전기밥솥에 쌀과 무를 넣어요.

4

물을 넣은 뒤 취사버튼을 눌러요.

5

파를 다진 뒤 **양념장 재료**와 섞어요.

6

무와 밥을 고루 섞은 뒤 그릇에 담고 양념장을 올려 비벼 먹어요.

TIP 무에서 물이 나오므로 평소 물의 양보다
조금 적게 넣어요.

콩나물밥

분량 4~5인분
조리시간 40분

국과 밑반찬 재료로 큰 사랑을 받고 있는 콩나물을 콩나물밥으로도 먹어보세요.
비타민이 가득한 별미가 되어줄 거예요. 양념장에 비벼 맛있게 먹으면
어쩐지 키도 한 뼘 더 자라는 기분이랍니다.

쌀 3컵, 콩나물 1봉지, 물 2½컵, 대파 1/2대

양념장 재료: 설탕 1숟가락, 고춧가루 3숟가락, 다진 마늘 1숟가락, 진간장 6숟가락,
참기름 1/2숟가락, 매실액 1숟가락, 통깨 약간

아빠, 어떻게 하면 키가 커요?

농구 같은 운동을 하면 키가 커지지~

그리고 이걸 먹으면 돼~

?

콩나물밥~

콩나물이 남아서...

에이~~~

🍲 만들기

1

쌀은 씻어 물에 10분 정도 불려요.

2

콩나물은 체에 넣고 흐르는 물에 씻어요.

3

전기밥솥에 쌀과 콩나물을 넣어요.

TIP 콩나물 머리에 영양소가 있으므로 떼어내지 않고 사용해요.

4

물은 넣은 뒤 취사버튼을 눌러요.

5

파를 다진 뒤 **양념장 재료**와 섞어요.

6

콩나물과 밥을 고루 섞은 뒤 그릇에 담고 양념장을 올려 비벼 먹어요.

PART 2

후루룩,
누구나 좋아하는
아빠표 면 요리

라면, 우동, 칼국수 등 반찬이 필요 없는 면 요리는

밥보다 더 간편해 아빠들이 부담 없이 아이들에게

만들어 줄 수 있어요. 간단하게 만들 수 있으면서도

아빠도 아이도 좋아하는 최고의 한 끼가 될 거예요.

만두라면

분량 **1인분**
조리시간 **15분**

라면에 만두 하나만 넣었을 뿐인데?
잘 익은 만두를 한 입 깨물었을 때 터지는 육즙과 라면 국물의 환상의 조합!
달걀을 풀어 더 풍성하게 즐겨보세요!

🍳 준비하기

물 3컵, 대파 1/3개, 라면 1개, 냉동 만두 5개, 고춧가루 약간

하아… 오늘은 라면에 뭘 넣어야 하나…

하아… 생각날 만두(?)…

만두…

아하! 만두라면~!

🍲 만들기

1

물을 넣고 끓여요.

2

파를 송송 썰어요.

3

물이 끓어오르면 라면 수프와 냉동 만두를 넣어요.

4

면 투하!

5

면이 익으면 고춧가루를 뿌려요.

햄치즈라면

분량 1인분
조리시간 15분

어디에 넣어도 맛있는 햄과 치즈를 라면에 넣어보세요. 라면에 햄을 넣고 끓인 뒤
송송 채 썬 대파와 치즈를 올리면 맛있는 햄치즈라면 완성! 아이들이 정말 좋아해요~

얘들아~ 오늘은 라면에 뭘 넣어줄까?

햄이랑 치즈요~

!!

어쩜 아빠 생각하고 이리도 똑같니~!

🍲 만들기

1

햄은 길쭉하게 썰고, 대파는 송송 썰어요.

2

물을 끓인 뒤 햄을 넣어요.

3

라면 수프와 면을 넣어요.

4

면이 다 익으면 파를 넣어요.

5

불을 끄고 치즈를 올린 뒤 고춧가루를 뿌리면 완성!

멸치국수

멸치, 다시마, 양파, 대파 등으로 감칠맛을 낸 육수에 쫄깃한 국수를 그릇에 말아
깔끔한 멸치국수를 만들어 보세요. 아이들의 후루룩 소리가 끊이지 않을 거예요.

🍳 준비하기

양파 1개, 대파 1대, 물 8컵, 다시마(5cm × 5cm) 2장, 국물용 멸치 4마리,
애호박 1/3개, 달걀 2개, 국수면 2줌, 국간장 1숟가락, 소금 약간, 김가루 적당량

급 퀴즈!

잔멸치는 볶아서 먹고, 큰 멸치는 무얼 해먹지?

네?

구워… 먹기?

멸치로 육수 내 국수해먹지~

멸치육수가 얼마나 맛있는데~

🍳 만들기

1
양파와 파(2/3대)는 큼직하게 썰어요.

2
물에 다시마, 멸치, 양파, 파를 넣고 끓여요.

3
파(1/3대)는 송송 썰고, 애호박은 반달썰기 해요.
달걀을 풀어요.

4
물이 끓어오르면 건더기를 건져내고 파와 애호박을 넣어요.

5
국간장과 소금으로 간을 한 뒤 달걀물을 넣고 휘휘 저어요.

6
끓는 물에 면을 넣고 물이 끓어오르면 찬물 1컵을 넣어요.
이 과정을 2번 반복하고 면을 찬물에 헹궈 체에 밭쳐요.

7
면을 그릇에 담고
육수를 부어준 뒤 김가루를 뿌리면 완성~

04 간장비빔국수

분량 2인분
조리시간 20분

엄마, 아빠도 아이도 맛있게 먹을 수 있는 국수를 소개할게요.
쫄깃한 면에 간장과 참기름 베이스의 맛있는 양념을 넣은 간장비빔국수는
매운 걸 못 먹는 아이부터 어른까지 온 가족이 맛있게 즐길 수 있어요.

🍳 준비하기

국수면 2줌, 오이 1/2개, 참치 통조림(소) 1개
양념장 재료: 설탕 1/2숟가락, 진간장 1숟가락, 참기름 1숟가락, 통깨 적당량

왼쪽으로
비비고~

오른쪽으로
비비고~

비비고 비비면~
비빔국수!

🍲 만들기

1

끓는 물에 국수면을
넣고 물이 끓어오르면
찬물 1컵을 넣어요.

이 과정을
2번 반복해요.

TIP 면이 쫄깃해져요.

2

면이 익으면
찬물로 헹군 뒤 체에
밭쳐 물기를 빼요.

3

오이는
채썰어요.

4

양념장 재료를
섞어요.

5

참치 통조림의
기름을 빼요.

6

면 위에 양념장, 오이,
참치를 올려요.

05 토마토스파게티

분량 2인분
조리시간 20분

직접 토마토를 으깨 토마토소스를 만들어도 좋지만 간편하게 시판용 토마토소스를 이용해
스파게티를 만들어 보세요. 빠르고 쉽게 새콤달콤 맛있는 토마토스파게티로 이태리 음식 성공!

🍲 준비하기

스파게티면 2줌, 새우 살 1줌, 양파 1/2개, 시판 토마토소스 1/2통, 후춧가루 조금

오늘은 이탈리아 분위기를 좀 내볼까?

어떻게요?

바로…

토마토스파게티로 말이지~

🍲 만들기

1

끓는 물에 스파게티면을 넣고 8분 정도 끓인 뒤 건져요.

TIP 스파게티 끓인 면수 1컵은 스파게티를 볶을 때 이용해요.

2

새우 살은 찬물로 씻고,

양파는 먹기 좋은 크기로 썰어요.

3

프라이팬에 올리브유를 넉넉히 두른 뒤

양파와 새우 살을 볶아요.

4

토마토소스를 넣고 끓인 뒤 후춧가루를 뿌려요.

5

면수 1컵을 부어 1분 정도 저어가며 끓여요.

6

불을 줄인 뒤 익은 면을 넣고 고루 섞어요.

06 크림스파게티

분량 **2인분**
조리시간 **20분**

양파와 새우 살에 부드러운 크림을 넣어 고소한 크림스파게티를 만들어 보세요.
아이부터 어른들까지 모두의 입맛을 사로잡을 수 있어요!

스파게티면 2줌, 새우 살 1줌, 양파 1/2개, 브로콜리 1/6개, 시판 크림소스 1/2통, 후춧가루 조금

아빠~ 스파게티 만들어 주세요~

그래~ 카르보나라 해줄게~

아니, 크림스파게티요~

그래~ 카르보나라~

아니~ 크!림! 스!파!게!티!요!

그래! 카!르!보!나!라!

🍲 만들기

1

끓는 물에 스파게티면을 넣고 8분 정도 끓인 뒤 건져요.

2

새우 살은 찬물로 씻고,

양파와 브로콜리는 먹기 좋은 크기로 썰어요.

3

프라이팬에 올리브유를 넉넉히 두른 뒤

양파, 브로콜리, 새우 살을 볶아요.

TIP 스파게티 끓인 면수 1컵은 스파게티를 볶을 때 이용해요.

4

크림소스를 넣고 끓여요.

5

면수 1컵을 부어 1분 정도 저어가며 끓여요.

6

불을 줄인 뒤 면과 후춧가루를 넣고 섞어요.

 **카레면**

카레를 밥에만 비벼 드시나요 ? 꼬들꼬들 잘 익은 면과 건강한 카레의 만남이 인상적인 카레면!
감자, 당근, 양파를 볶은 뒤 물과 카레가루를 넣어 잘 저어주세요.
색다른 카레면 완성!

🍳 준비하기

양파 1/4개, 당근 1/4개, 감자 1/2개, 대파 1/2대, 라면 1개, 물 1컵, 카레가루 1/2봉

카레는 꼭 밥이랑 먹어야 하나요?

아니 아니 아니죠~

면이랑도 잘 어울려요~

후루룩~

저도 주세요~

🍲 만들기

1

양파, 당근, 감자는 깍뚝썰고,

파는 먹기 좋은 크기로 썰어요.

2

끓는 물에 라면을 넣고 삶아요.

3

익은 면은 체에 밭쳐 찬물로 헹궈요.

4

프라이팬에 식용유를 두 바퀴 두르고 채소를 볶아요.

5

물 1컵과 카레가루를 넣고 3분간 끓여요.

이때 불은 약불로!

6

그릇에 면을 담고 카레를 부어요.

참치라면

분량 1인분
조리시간 15분

평범한 라면을 새로운 라면으로 둔갑시켜줄 주인공은 바로 참치예요!
참치의 고소한 풍미가 더해져 국물의 맛이 마법같이 맛있지는 것을 느낄 거예요.

물 3컵, 참치 통조림(소) 1개, 라면 1개, 대파 1/3대, 고춧가루 약간

훗~ 잘먹네~

후루룩~ 쩝쩝

우와!

왜?

너무 맛있어요~

라면에 뭘 넣으신 거예요?

참치 조금 넣었을 뿐인데… 훗!

🍲 만들기

1

냄비에 물을 넣고 끓여요.

2

참치 통조림의 기름을 빼요.

3

물이 끓어오르면 라면 수프를 넣고 저어준 뒤 참치를 넣어요.

4

면 투하!

5

면이 익으면 파를 가위로 잘라 넣고 고춧가루를 뿌려요.

떡라면

분량 **1인분**
조리시간 **20분**

냉동실에 떡이 남아 있다면 라면에 넣어 쫄깃한 식감까지 더한 떡라면을 만들어 보세요.
한 그릇 먹고 나면 속이 아주 든든할 거예요.

🍳 준비하기

떡국떡 10개, 물 3컵, 라면 1개, 국간장 1/2숟가락, 고춧가루 약간, 달걀 1개, 대파 1/3쪽

앗!
밥이 없네!

라면 먹고
밥 말아 먹어야
하는데…

그럴 때를 위해
떡국떡이 있는
거지!

🍲 만들기

1

떡국떡은 물에
10분 정도 불려요.

2

달걀을 풀어요.

3

물을 끓인 뒤 떡국떡,
라면 수프 면을 넣어요.

4

면이 살짝 익으면 국간장,
고춧가루를 넣어요.

5

달걀물 넣고 한두 번
저어요.

6

면이 익으면 파를 가위로
잘라 넣어요.

092

093

떡국

분량 **2인분**
조리시간 **25분**

떡국을 꼭 설날에만 먹는다는 편견을 버리세요!
무얼 먹을지 메뉴가 고민되는 날엔 한 끼 든든하게 먹을 수 있는 떡국을 만드는 건 어떨까요?

🍲 준비하기

떡국떡 30개, 대파 1/2대, 달걀 1개, 물 5컵, 다시마(5cm x 5cm) 2장, 국물용 멸치 3개,
다진 마늘 1숟가락, 국간장 1숟가락, 소금 약간

밥은 없고 떡국떡만 있네.

그럴 땐…

초간단 떡국이지~!

🍲 만들기

1

떡국떡은 10분 정도 물에 불려요.

2

파는 송송 썰고, 달걀을 풀어요.

3

냄비에 물, 다시마, 멸치를 넣고 물을 끓어오르면 다시마와 멸치를 건져요.

4

육수에 다진 마늘을 넣어요.

5

떡국떡과 파를 넣어요.

6

국간장과 소금으로 간을 한 뒤 5분간 끓여요.

7

달걀물을 넣고 젓가락으로 저어준 뒤 달걀이 익으면 완성!

11 달걀국수

분량 2인분
조리시간 20분

다시마와 멸치로 감칠맛을 낸 육수에 달걀과 각종 채소를 넣어 맛있는 달걀국수를 만들어요.
영양가도 좋고 부담 없는 한 끼를 만들 수 있어요!

🍳 준비하기

물 4컵, 다시마(5cm x 5cm) 2장, 국물용 멸치 2장, 애호박 1/2개, 대파 1/2대, 달걀 2개,
국수면 2줌, 국간장 1순가락, 소금 약간, 김가루 적당량

달걀이 왔어요~
국수도 왔어요~

달걀국수가
왔어요~

🏠 만들기

1

냄비에 물, 다시마,
멸치를 넣고 끓여요.

2

호박은 채썰고,
파는 송송 썰어요.

달걀을 충분히
풀어요.

3

끓는 물에 국수면을
넣고 물이 끓어오르면
찬물 1컵을 넣어요.

이 과정을 2번 반복한 뒤
찬물에 헹궈 체에 밭쳐요.

TIP 면이 쫄깃해져요.

4

육수가 끓어오르면
다시마와 멸치를 건져내고
파와 호박을 넣어요.

5

호박이 익으면 달걀물을
둘러준 뒤 젓가락으로
한두 번 저어요.

6

국간장과 소금으로
간을 해요.

7

면에 육수를 붓고
김가루를 뿌려요.

김치국수

분량 **2인분**
조리시간 **20분**

송송 썬 김치에 채소를 넣어 김치국수를 만들어 보세요.
김치를 잘 못 먹는 아이들도 맛있게 한 그릇 뚝딱 먹을 수 있답니다.

🥦 준비하기

김치 1컵, 참기름 1숟가락, 통깨 약간, 국수면 2줌, 애호박 1/4개, 대파 1/2대, 물 4컵,
국간장 1숟가락, 소금 약간, 김가루 적당량

아빠 달걀국수 먹고 싶어요.

그래, 알겠어~

헉! 달걀이 없네~

여기를 보게! 여기!

김치는 있네~!

그럼 김치국수지~!

🍚 만들기

1

김치를 잘게 썰어 참기름과 통깨를 넣고 버무려요.

2

끓는 물에 국수면을 넣고 물이 끓어오르면 찬물 1컵을 넣어요.

이 과정을 2번 반복한 뒤 면을 찬물에 헹궈 체에 밭쳐요.

3

호박은 채썰고, 파는 송송 썰어요.

4

냄비에 물을 넣고 끓어오르면 호박을 넣어요.

5

호박이 익으면 파를 넣고 국간장과 소금으로 간을 해요.

6

면에 육수를 부은 뒤 김치를 올리고 김가루를 뿌려요.

13 열무비빔국수

분량 **2인분**
조리시간 **15분**

맵지 않고 아삭해서 아이들도 잘 먹는 열무김치를 잘게 썰어
간장과 참기름으로 간을 하면 입맛 살려주는 아삭한 열무국수가 완성돼요.

국수면 2줌, 열무김치 1½컵, 진간장 1숟가락, 참기름 1숟가락, 열무김치 국물 1/2컵,
통깨 조금

김서방~
열무김치
좀 했네~

!!

우왕~
열무김치 너무
좋아요!

더
만들어 줄게~

열무국수도
만들 수 있어요~

🍲 만들기

1

끓는 물에 국수면을 넣고
물이 끓어오르면
찬물 1컵을 넣어요.

이 과정을
2번 반복해요.

TIP 면이 쫄깃해져요.

2

면이 익으면 건져내
찬물로 헹군 뒤 체에 받쳐
물기를 빼요.

3

면에 열무김치를
올리고~

4

간장과 참기름으로
간을 해요.

5

열무김치 국물을 부어준 뒤
통깨를 뿌려요.

14 볶음국수

소면을 탱탱하게 삶아 기름에 휘리릭 볶아보세요.
멸치국수나 비빔국수와는 또 다른 매력이 있는 볶음국수! 냉장고에 남은 채소를
잔뜩 넣고 볶아 먹으면 간편하고도 맛있는 한 끼가 될 거예요.

🍳 준비하기

국수면 2줌, 새송이버섯 1개, 양파 1/2개, 대파 1/2대, 달걀 2개, 진간장 1숟가락,
굴소스 1/2숟가락, 참기름 1숟가락

치이이이익~~

아빠!
오늘은 볶음밥이에요?

차아아아악~ 아니~
볶음국수란다~
밥이
없거든~^^

🍲 만들기

1

끓는 물에 국수면을 넣고
물이 끓어오르면
찬물 1컵을 넣어요.

이 과정을 2번 반복한 뒤
면을 찬물에 헹궈
체에 밭쳐요.

2

새송이버섯, 양파는
먹기 좋게 썰고,
파는 송송 썰어요.

3

파기름을 내요.

TIP 파기름 내는 방법 013p 참고!

4

양파와 새송이버섯을
넣고 볶아요.

5

볶은 채소를 한쪽에
몰아두고 스크럼블드에그를
만들어요.

TIP 스크럼블드에그 만드는 방법 014p 참고!

6

면을 넣고 간장, 굴소스,
참기름을 넣고 볶으면 완성!

비빔라면

분량 **1인분**
조리시간 **10분**

비빔라면을 그냥 끓여 먹으면 조금 밋밋하죠?
채 썬 오이와 참치 통조림을 얹어 비빔라면을 한 단계 업그레이드해주세요!

🍄 준비하기

비빔라면 1개, 오이 약간, 참치 통조림(소) 1개, 참기름 1숟가락

여러분 준비 됐나요?

네~~

젓가락도 준비됐나요?

네~~

비빔라면 비빌 준비됐나요?

네~~

🍲 만들기

1

끓는 물에 라면을 넣어요.

2

오이를 채썰어요.

3

익은 면은 찬물로 헹군 뒤 체에 밭쳐 물기를 빼요.

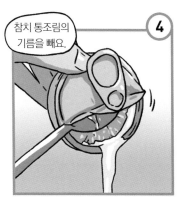

4

참치 통조림의 기름을 빼요.

5

면에 참치, 비빔라면 소스, 오이, 참기름을 넣고 비벼요.

볶음라면

라면은 변신은 무죄! 끓여만 먹는 라면이 지겨울 때 여러 가지 채소를 듬뿍 넣어 볶아 먹어요.
간단하면서도 맛있는 일품요리가 된답니다.

🍲 **준비하기**

양파 1/2개, 당근 1/4개, 베이컨 2줄, 대파 1/2대, 라면 1개,
진간장 1숟가락, 굴소스 1/2숟가락, 고춧가루 약간

라면 면만 있고
수프는 없네?

……

채소랑 다
볶아버리지 뭐~

🍲 **만들기**

1

양파, 당근, 베이컨은
먹기 좋은 크기로 썰고,
파는 송송 썰어요.

2

끓는 물에 라면을 넣고
살짝 익으면 찬물로 헹궈
체에 밭쳐 물기를 빼요.

3

파기름을 내요.

TIP 파기름 내는 법 013p 참고!

4

손질한 채소를
넣고 볶아요.

5

면을 넣고 간장과
굴소스로 간을 해요.

6

고춧가루를 넣고
섞어 마무리!

열무물냉면

분량 **1인분**
조리시간 **15분**

열무김치와 시판용 냉면 육수만 있으면 쉽게 만들 수 있어요.
쫄깃한 냉면과 아삭한 열무를 넣으면 시원하고 맛 좋은 별미로 탄생해요.

🍳 준비하기

냉면 1팩(150g), 시판 냉면 육수 1팩(380g), 열무김치 1컵, 열무김치 국물 1/2컵,
참기름 1/2숟가락

전에 장모님이 주신 열무가 남아 있네…

그래, 열무의 마지막은 이걸로 장식하자!

열무냉면!

완전 깔끔한 마무리~!

🍲 만들기

1

끓는 물에 냉면을 넣고 40~50초간 저어가며 익혀요.

2

찬물로 씻은 뒤 체에 받쳐 물기를 빼요.

3

그릇에 면을 넣고 시원한 냉면 육수를 부어요.

4

열무김치를 올리고 열무김치 국물을 넣은 뒤 참기름을 둘러요.

비빔냉면

분량 1인분
조리시간 15분

새콤달콤 입맛 당기는 비빔냉면은 양념장만 맛있게 만들면 어렵지 않게 만들 수 있어요.
맛있는 양념장 만드는 비법을 소개할게요!

🍳 준비하기

냉면 1팩(150g), 달걀 1개, 오이 약간

양념장 재료 : 설탕 1/2숟가락, 고춧가루 1/3숟가락, 다진 마늘 1/2숟가락, 진간장 1/3숟가락, 식초 1/3숟가락, 고추장 1/2숟가락, 참기름 1/2숟가락

냉면?

비빔양념?

둘이 합치면 비빔냉면~~

🍲 만들기

1

물에 달걀을 넣고 15분간 삶은 뒤 찬물에 담가요.

2

끓는 물에 냉면을 넣고 40~50초간 저어가며 익혀요.

3

찬물로 헹군 뒤 체에 받쳐 물기를 빼요.

4

삶은 달걀은 껍질을 깐 뒤 반 가르고, 오이는 채썰어요.

5

양념장 재료를 섞어요.

6

냉면에 달걀, 오이, 양념장을 넣어요.

짜장면

분량 **1인분**
조리시간 **20분**

짜장면을 집에서? 카레만큼 쉬운 요리가 짜장면이랍니다.
한번 만들고 나면 너무 간단하고 쉬워 중국집 외식이 줄어들 거예요.

🍳 준비하기

양파 1/4개, 당근 1/4개, 감자 1/2개, 대파 1/2대, 라면 1개, 물 1컵, 짜장가루 1/2봉지

오늘은 외식할까?

네~ 짜장면 먹으러 가요~

폭설로 인한 도로 마비…

오늘은 아빠가 짜장면 요리사~

🍲 만들기

1

양파, 당근, 감자는 깍뚝썰고,

파는 먹기 좋은 크기로 썰어요.

2

끓는 물에 라면 투하~

3

익은 면은 찬물로 씻은 뒤 체에 밭쳐 물기를 빼요.

4

프라이팬에 식용유를 두 바퀴 두른 뒤 채소를 볶아요.

5

물 1컵과 짜장가루를 넣고 3분간 끓여요.

6

그릇에 면을 담고 짜장을 부어요.

달걀 프라이를 올려도 맛있어요.

112

소바

분량 **1인분**
조리시간 **15분**

매번 식당에 가서 먹기만 했던 소바를 이제 집에서도 즐겨보세요.
쯔유만 있다면 소바 육수 만들기 어렵지 않아요.
입맛 실종한 우리 아이들도 맛있다며 더 달라고 할 거예요.

쯔유 1/3컵, 물 1컵, 무 약간, 다진 파 1숟가락, 소바 1줌, 통깨 약간, 와사비 적당량

일식집에 가면 꼭 소바를 먹는 큰아들!

그래서 준비했지!

좌악

좌악

아빠표 소바~!

🍲 만들기

1

쯔유와 물을 섞어 소바 육수를 만든 뒤 냉장고에 넣어둬요.

2

무는 강판에 갈고, 파는 다져요.

3

소바는 끓는 물에 4분 동안 끓여요.

4

익은 면은 찬물로 헹군 뒤 체에 밭쳐 물기를 빼요.

5

접시에 소바면을 올리고 통깨를 뿌린 뒤 와사비를 준비하면 끝!

소바 육수는 그릇에 따로 담아 갈은 무와 파를 넣어 준비해요.

볶음우동

다른 면에 비해 오동통하면서 쫄깃한 식감으로 사랑받는 우동을 볶음으로 만들어 보세요.
냉장고에 있는 다양한 채소를 이용해 휘리릭 볶아내기만 하면 완성되니 부담 없어요.

🍲 준비하기

양파 1/2개, 당근 1/3개, 새송이버섯 1개, 대파 1/2대, 우동면 1팩(300g)

양념장 재료: 설탕 1숟가락, 다진 마늘 1숟가락, 진간장 1숟가락, 참기름 1숟가락, 굴소스 1/2숟가락, 후춧가루 조금

뭐 볶으세요?

치이이이~

우동!

우와~ 우동도 볶아요?

볶음우동이니까 볶아야지~!

🍲 만들기

1

양파, 당근, 새송이버섯, 파는 작게 썰어요.

2

끓는 물에 우동면을 5분간 삶은 뒤 건져요.

익은 면은 찬물로 헹궈 체에 밭쳐 물기를 빼요.

3

양념장 재료를 섞어요.

4

프라이팬에 식용유를 두 바퀴 두르고 손질한 채소를 볶아요.

5

삶은 면을 넣고 볶아요.

6

소스를 부어 볶아주면 끝!

조개칼국수

22

분량 **2인분**
조리시간 **25분**

시원한 국물이 당길 때 생각나는 칼국수. 멸치육수에 조개로 시원하고
진한 풍미를 더해 쫄깃한 칼국수 넣고 끓여먹으면 담백한 맛이 아주 깔끔해요.

🍳 준비하기

물 5컵, 다시마(5cm x 5cm) 2장, 무 1/3개, 국물용 멸치 2개, 애호박 1/2개, 대파 1/2대, 조갯살 1컵(200g), 국간장 1숟가락, 소금 약간, 칼국수면 2줌

여보~ 냉장고에 칼국수면 있더라~

응~

조갯살도 있던데?

응~

부탁해~

응...

🍲 만들기

1

냄비에 물, 다시마, 무, 멸치를 넣고 끓어오르면 건더기를 건져요.

2

호박은 채썰고, 파는 송송 썰어요.

3

육수에 준비한 채소와 조갯살을 넣어요.

4

국간장과 소금으로 간을 해요

5

칼국수면에 묻어 있는 전분가루를 찬물로 씻은 뒤 육수에 넣고 면이 익으면 완성!

PART 3

한 끼 식사로도 충분해! 아빠표 빵집

간식으로 먹거나 시간이 없을 때 대충 끼니를 때우기 위해

먹었던 빵이 아이들 인기 식사 메뉴로 멋지게 변신했어요!

밥 차릴 여유가 없을 때, 간편하게 한 끼 식사를

해결하고 싶을 때 추천해요.

01 달걀샌드위치

분량 1인분
조리시간 10분

아삭한 채소와 달콤한 잼, 영양 만점 달걀을 토스트 사이에 쏙쏙 넣으면
간식으로도 좋지만 한 끼 식사로 충분한 샌드위치가 완성돼요.

🍳 준비하기

토마토 1/2개, 양파 1/4개, 상추 2장, 식빵 2장, 달걀 2개, 마요네즈 1큰술, 딸기잼 1큰술

이야핫~
점프!

크헉! 샌드위치
당했다!

!!

생각난 김에
샌드위치 만들어
먹자~

예~~

🍲 만들기

1

토마토는 먹기 좋은 크기로
썰고, 양파는 채썰어요. 상추는
물기를 털어 준비해요.

2

토스트기에 빵을
구워요.

3

달걀을 풀어요.

4

달궈진 프라이팬에
식용유를 약간 두른 뒤
달걀물을 넣고 부쳐요.

TIP 프라이팬을 돌려가며 달걀물이 고루 퍼질
수 있도록 해요.

5

식빵 크기에 맞게
달걀지단을 잘라요.

6

빵 위에 상추 → 달걀지단 →
토마토 → 양파를 올린 뒤
마요네즈를 뿌리고

다른 빵에는 딸기잼을
발라 덮으면 완성!

프렌치토스트

달콤한 빵이 먹고 싶을 때 추천하는 프렌치토스트예요.
식빵이 딱딱해져 맛없을 때 만들면 놀라울 정도로 맛있는 빵으로 재탄생돼요.
달걀물에 식빵을 충분히 적시는 게 포인트예요!

🍄 준비하기

달걀 3개, 우유 1컵, 설탕 2순가락, 소금 약간, 식빵 4장, 버터 1순가락

으악! 빠졌다!

식빵이 달걀물에 빠졌다네~

그래서 맛있는 프렌치토스트가 됐다네~

🍳 만들기

1 달걀을 충분히 푼 뒤 우유, 설탕(1순가락), 소금을 넣고 섞어요.

2 식빵은 4등분으로 썰어요.

3 식빵을 달걀물에 충분히 적셔요.

4 중불로 달궈진 프라이팬에 버터를 넣고 녹여요.

5 달걀물에 잘 적신 빵을 올려 구워요.

6 앞뒤로 뒤집어가며 노릇해질 때까지 구워요.

7 접시에 옮겨 설탕(1순가락)을 뿌려요.

팬케이크

분량 **4인분**
조리시간 **20분**

팬케이크 굽기가 어렵다는 분들이 많아요.
키친타월과 넓은 뒤집개, 코팅이 잘 된 프라이팬, 국자만 있다면 누구나 쉽게 만들 수 있어요.
반죽의 윗면에 구멍이 뽕뽕 생길 때 뒤집어주기만 하면 완성!

🍲 준비하기
팬케이크가루 1봉(70g), 우유 1컵, 블루베리 6개, 올리고당 2큰술

아빠~ 케이크 먹고 싶어요~

하나 남은 케이크...

뒤적 뒤적...

전에 사둔 팬케이크가루가 있을 텐데~

찾았다~!

동글동글 예쁘고 맛있는 팬케이크 만들어 줄게~

🍲 만들기

1

팬케이크가루와 우유를 섞어 반죽을 만들어요.

2

프라이팬에 식용유를 살짝 두르고 키친타월로 고루 닦아준 뒤 약불로 줄여요.

3

반죽을 한 국자 떠서 부은 뒤 고루 펴서 부쳐요.

4

반죽에 구멍이 생기면 뒤집어 구워요.

5

접시에 팬케이크를 올린 뒤 블루베리를 얹고 올리고당을 뿌려요.

TIP 블루베리, 딸기, 바나나 등을 올려 먹으면 더 맛있어요.

토르티야피자

분량 2인분
조리시간 20분

피자 싫어하는 아이가 있을까요? 토르티야를 이용해 집에서 간편하게 피자를 만들어 보세요.
오븐 없이도 프라이팬으로 아이들의 엄지를 치켜세울 맛있는 피자를 만들 수 있어요.

🍳 준비하기

새우 살 2줌, 양파 1/4개, 토마토소스 3숟가락, 토르티야 1장,
모차렐라치즈 1줌

오~ 토르티야가 남았네?

토마토소스도 있고…

모차렐라치즈도 있으니…

피자가 딱이네~!

🍲 만들기

1

새우 살은 물로 깨끗이 씻고,

양파는 채썰어요.

2

프라이팬에 식용유를 한 바퀴 두르고 새우 살, 양파를 볶아요.

3

토마토소스를 넣고 한번 끓여요.

4

토르티야를 중불에 올려 살짝 데쳐요.

5

토르티야 위에 끓인 토마토소스를 얹어요.

6

약불에서 모차렐라치즈를 뿌린 뒤 뚜껑을 덮어 치즈가 녹을 때까지 구워요.

치킨너겟토르티야랩

분량 2인분
조리시간 20분

토마토, 상추, 당근 등의 채소와 치킨너겟, 달걀 등의 재료로 속을 채워 먹는 토르티야샌드위치.
다양한 재료를 넣어 우리 아이들 속을 든든하게 채워줄 거예요.

🍳 준비하기

토르티야 2장, 토마토 1/2개, 당근 1/2개, 상추 2장, 치킨너겟 6개, 달걀 2개,
머스터드소스 2큰술, 케첩 2큰술

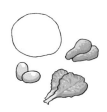

오늘의 메뉴는~

?

또또또또~ 먹고 싶은 맛~

띠띠띠~ 춤추고 싶은 맛~

?

아아아~ 소리 지르고 싶은 맛!

토르티야 샌드위치!

🍲 만들기

1

프라이팬에 토르티야를 약불에서 살짝 데펴요.

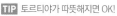

TIP 토르티야가 따뜻해지면 OK!

2

토마토와 당근은 먹기 좋게 썰어요. 상추는 물기를 털어 준비해요.

3

치킨너겟은 굽고, 스크램블드에그를 만들어요.

TIP 스크램블드에그 만드는 방법 014p 참고!

4

토르티야에 상추 → 치킨너겟 → 토마토 → 스크램블드에그를 올려요.

5

머스터드소스 또는 케첩을 뿌리면 완성!

06 햄버거

분량 **4인분**
조리시간 **20분**

아이들이 정말 좋아하는 햄버거! 집에서도 간단하게 만들 수 있어요.
빵과 고기 패티, 냉장고에 있는 채소를 활용해 만들면 파는 햄버거가 부럽지 않아요!

토마토 1개, 상추 4장, 양파 1/4개, 고기 패티 4장, 모닝빵 4개, 딸기잼 4숟가락

전에 만든 고기 패티가 남아 있네.

어제 사온 모닝빵도 있으니…

뚝딱! 햄버거를 만들어 먹자~!

🍲 만들기

1

토마토와 상추는 먹기 좋게 썰어요.

양파는 채썬 뒤 찬물에 담가 매운맛을 빼요.

2

프라이팬에 식용유를 두 바퀴 두른 뒤 고기 패티를 앞뒤로 익혀요.

3

물을 약간 넣고 뚜껑을 닫아 익히면 고기가 고루 익어요.

4

빵은 반으로 가르고,

5

빵 한쪽에는 상추 → 고기 패티 → 양파 → 토마토 순으로 올리고,

나머지 빵에는 딸기잼을 발라 얹어주면 완성!

07 달걀양상추토스트

분량 1인분
조리시간 10분

노릇하게 구운 식빵에 달콤한 잼, 폭신폭신한 달걀, 아삭한 양상추를 넣어
아이들이 참 좋아하는 토스트랍니다.

준비하기

달걀 1개, 식빵 2장, 양상추 1/4통, 딸기잼 2큰술

혁!
밥이 없네…

아빠,
배고파요~

아침은 간단히 먹고
점심을 잘 먹자~

만들기

1 달걀을 풀어요.

2 토스트기에 빵을 구워요.

3 달궈진 프라이팬에 식용유를 약간 두른 뒤 달걀물을 넣고 부쳐요.

TIP 프라이팬을 돌려가며 달걀물이 고루 퍼질 수 있도록 해요.

4 식빵 크기에 맞게 달걀지단을 잘라요.

5 양상추를 채썰어요.

6 빵 한쪽에 딸기잼을 발라요.

7 달걀지단과 양상추를 올린 뒤 식빵으로 덮어요.

소시지핫도그

분량 4인분
조리시간 15분

식빵에 소시지와 달달하게 볶은 양파를 넣고 케첩과 머스터드소스를 넣으면
영화관표 핫도그 완성! 핫도그를 한입 베어 물면 뽀드득 맛있는 소리가 터져 나와요.

🍲 준비하기

양파 1/2개, 소시지 4개, 식빵 4장, 머스터드소스 적당량, 케첩 적당량

헛!
토르티야가 없어서
피자를 만들 수가 없어!

아빠 피자
더 먹고 싶어요~

식빵과 토핑으로 쓴
소시지가 있으니…

그래,
핫도그로 변신!

🍲 만들기

1

양파를
작게 다져요.

2

프라이팬에 식용유를
약간 두르고 양파를
살짝 볶아요.

3

소시지에 칼집을 낸 뒤
식용유를 약간 두른 프라이팬에
구워요.

4

식빵을 반으로 접어
소시지와 양파를 넣어요.

5

케첩 또는
머스터드소스를
뿌리면 완성.

PART 4

냠냠 쩝쩝, 아빠표 간식

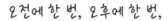

오전에 한 번, 오후에 한 번,

잊지 않고 간식을 찾는 아이들!

밥 먹은 지 얼마 되지도 않았는데 뒤돌아서면 배고프다는

우리 아이들을 위해 간단하지만 맛있는 간식을 소개해요.

01 떡볶이

분량 **2인분**
조리시간 **20분**

쫄깃쫄깃한 떡에 매콤 달콤한 맛이 매력적인 떡볶이! 어린이부터 어른까지
모두가 즐겨 먹는 떡볶이랍니다. 떡과 채소만 들어가 깔끔한 떡볶이예요.

🍄 준비하기

떡볶이떡 35개, 양파 1개, 대파 1/2대, 물 1컵, 삶은 달걀 1개, 검은깨 적당량

떡볶이 소스: 설탕 3숟가락, 고춧가루 2숟가락, 다진 마늘 1숟가락, 진간장 2숟가락,
고추장 1숟가락

얘들아~
떡볶이 먹자~

와아~~

아빠~ 어묵도 없고,
라면도 없네요?

깔끔하지
않니?

얘들아, 뭐든지
기본에 충실해야 돼~

실은 냉장고가
텅 비었단다…

넣을 게
없었어…

🍲 만들기

1

떡볶이떡은 찬물에
10분 정도 불려요.

2

떡볶이
소스를 섞어요.

3

양파는 채썰고,
대파는 먹기 좋은
크기로 썰어요.

4

프라이팬에 식용유를
한 바퀴 두르고 양파와
대파를 살짝 볶아요.

5

물을 넣고 끓어오르면
떡, 삶은 달걀, 떡볶이 소스를
넣고 졸여가며 끓여요.

6

검은깨 뿌려
마무리.

라볶이

떡볶이만으로는 조금 허전하시다고요? 그 빈자리는 라면이 채워줄게요.
쫀득한 떡과 꼬들꼬들한 면발의 조합으로 어른과 아이들 모두의 입맛을 사로잡아요.

🍳 준비하기

떡볶이떡 35개, 물 3컵, 다시마(5cm x 5cm) 2장, 국물용 멸치 3개, 대파 1대, 어묵 4장, 라면사리 1개

라볶이 소스: 설탕 3숟가락, 고춧가루 2숟가락, 다진 마늘 1숟가락, 진간장 2숟가락, 고추장 1숟가락

떡볶이를 먹었는데 뭔가 허전하다 싶으면?

바로 라면이 빠졌기 때문~~!

아이들이 좋아하는 떡과 라면을 동시에 즐길 수 있는 라볶이~!

🍲 만들기

1

떡볶이떡을 찬물에 10분 정도 불려요.

2

냄비에 물, 다시마, 멸치를 넣고 끓여요.

3

라볶이 소스를 섞어요.

4

대파와 어묵은 먹기 좋은 크기로 썰어요.

5

육수가 끓어오르면 다시마와 멸치를 건진 뒤 라볶이 소스를 넣어요.

6

떡, 어묵, 대파를 넣고 2분 정도 끓인 뒤

라면사리를 넣고 1분 정도 더 끓이면 완성!

닭꼬치

분량 **2인분**
조리시간 **30분**

꼬치에 닭가슴살과 대파를 번갈아 끼운 뒤 달콤한 소스를 바르면 모두가 좋아하는 닭꼬치 완성!
아이와 함께 만들면 추억까지 덤으로 생겨요!

🍳 준비하기

닭가슴살 3덩어리, 대파 2대, 후춧가루 약간

소스: 진간장 3숟가락, 미림 1숟가락, 올리고당 1숟가락

아빠~ 저번에 골목에서 사 먹은 닭꼬치 정말 맛있었어요~

그치? 아빠도 맛있었어~

아빠도 만들 수 있어요?

그럼~! 닭가슴살과 꼬치만 있으면 돼!

🍲 만들기

1

닭가슴살과 파를 손가락 두 마디 크기로 썰어요.

2

닭가슴살에 후춧가루를 뿌려 10분간 밑간해요.

3

소스를 섞어요.

4

꼬치에 닭과 대파를 번갈아가며 꽂아요.

5

프라이팬에 식용유를 한 바퀴 두르고 중불에서 앞뒤로 고루 익혀요.

6

고기가 익으면 약불로 줄인 뒤 닭꼬치에 소스를 발라가며 구워요.

04

고구마감자전

분량 **4인분**
조리시간 **20분**

강판에 간 감자는 반죽의 역할을 하고 채 썬 고구마는 식감을 살려줘요.
노릇하게 구운 감자와 고구마 향에 아이들이 모여들 거예요.

🥦 **준비하기**

감자 2개, 고구마 2개, 물 1/2컵, 소금 약간, 후촛가루 약간

> 윽! 고구마가 왜 이렇게 맛이 없지?

단맛이 하나도 안나...

> 헉! 감자는 초록색으로 변신 중이네!

이럴 땐 전전긍긍하지 말고!

> 고구마감자전으로 해결~!

🍲 **만들기**

1

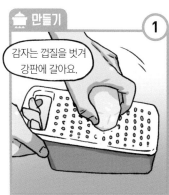

> 감자는 껍질을 벗겨 강판에 갈아요.

2

> 고구마는 껍질째 채썰어요.

3

> 볼에 간 감자, 고구마, 물을 넣고 섞어요.

4

소금과 후촛가루로 간을 해요.

5

> 프라이팬에 식용유를 넉넉히 두르고

중불에서 반죽을 한 국자씩 동그랗게 올려 앞뒤로 고루 익혀요.

05 간장떡볶이

분량 **2인분**
조리시간 **20분**

가족 단위의 손님이 왔을 때 모두가 부담 없이 즐길 수 있는 간장떡볶이를 준비해 보세요.
각종 채소에 간장, 굴소스, 참기름으로 간을 하고 깨소금으로 마무리하면
어린아이들도 어른들도 맛있게 먹을 수 있어요.

떡볶이떡 35개, 양파 1개, 대파 1대, 당근 1/2대, 물 1컵, 검은깨 적당량

떡볶이 소스: 설탕 2숟가락, 다진 마늘 1숟가락, 진간장 4숟가락, 굴소스 1숟가락,
참기름 1½숟가락, 후춧가루 약간

매워~
매워~

하아… 막내가
먹기에는 맵구나…

랄라는 아직
어린가봐~

우린 안
매운데~

사실 엄청
매워함

랄라야~ 아빠가
금방 만들어 줄게~

쩝쩝쩝~

간장떡볶이로
막내 입맛
저격~

🍲 **만들기**

1
떡볶이떡을 찬물에
10분 정도 불려요.

2
떡볶이 소스를
섞어요.

3
양파는 채썰고,
대파와 당근은 먹기 좋은
크기로 썰어요.

4
프라이팬에 식용유를
한 바퀴 두르고 양파, 대파,
당근을 볶아요.

5
물을 넣고 끓인 뒤
떡과 떡볶이 소스를 넣어
졸이듯 끓여요.

6
검은깨 뿌려
마무리~

떡꼬치

설탕과 케첩, 고추장으로 매콤 달콤한 소스를 만들어 노릇한 떡에 발라 먹는 재미!
아이들 최고의 간식이랍니다.

🍳 준비하기

떡볶이떡 20개, 통깨 적당량

소스: 설탕 1숟가락, 케첩 2숟가락, 올리고당 1숟가락, 고추장 1숟가락

애들아~ 떡볶이 만들어 줄까?

히잉~ 어제도 먹었잖아요~

다른 간식 만들어 주세요~

주는 대로 감사히 먹도록~! 오늘도 떡볶이…

가 아니고 떡꼬치지롱~!

역시 우리 아빠!

🍲 만들기

1
떡볶이떡을 찬물에 10분 정도 불린 뒤 체에 밭쳐 물기를 빼요.

2
소스 재료를 섞어요.

3
떡을 꼬치에 꽂아요.

4
프라이팬에 식용유를 한 바퀴 두르고 떡꼬치를 앞뒤가 노릇해질 때까지 구워요.

5
소스를 바른 뒤 통깨를 뿌리면 끝!

김치전

분량 4인분
조리시간 20분

비가 오면 왠지 생각나는 김치전. 엄마 아빠는 맥주에 한잔, 아이들은 주스에 한잔!
김치를 물에 헹궈 사용하면 맵지 않아서 아이들도 잘 먹을 수 있어요.

김치 2½컵, 부침가루 2컵, 물 3컵, 후춧가루 약간

비가 오네…

왠지 모르겠지만 비가 오늘 날엔…

김치전이 그렇게 먹고 싶더라~

신김치도 해치울 겸…

🍲 만들기

1

김치는 물에 한번 씻어 매운맛을 제거한 뒤 작게 썰어요.

2

부침가루에 물을 넣고 섞어요.

3

반죽에 김치, 후춧가루를 넣고 섞어요.

4

프라이팬에 식용유를 넉넉히 두르고

중불에서 반죽을 한 국자씩 동그랗게 올려 앞뒤로 고루 익혀요.

5

기름이 없으면 탈 수 있으니 중간중간 뿌려가며 구워요.

배추전

겉은 바삭하고, 속은 아삭한 배추전을 만들어요. 반죽이 기름에 의해 떨어질 수 있으니
여러 번 뒤집지 않는 게 좋아요! 달달하고 고소한 배추전의 매력에 빠져보아요!

🍲 준비하기

부침가루 2컵, 물 3컵, 배추속대 6장

이 검은 비닐은 뭐지?

앗! 장모님이 주신 배추네!

남은 배추는 배추전이 정답~!

맛도 정답~ 아이들 간식으로도 정답~!

🍲 만들기

1

부침가루에 물을 부어 반죽을 만들어요.

2

배추 끝의 두꺼운 부분은 잘라내요.

3

배추를 반죽에 고루 묻혀요.

4

프라이팬에 식용유를 넉넉히 두르고 배추 끝에 동그랗게 말린 부분이 밑으로 가게 올려요.

5

숟가락으로 꾹꾹 눌러가며 반죽이 노릇해질 때까지 익혀요.

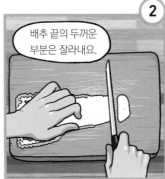

TIP 중불에서 부쳐요.

고구마감자튀김

분량 **4인분**
조리시간 **25분**

튀김 요리는 언제나 옳아요.
적당한 기름에 맛있게 튀겨진 고구마감자튀김은 아이들 인기 간식 메뉴가 될 거예요.
튀김 요리를 할 때는 아이들이 주방 가까이 오지 않도록 주의해야 해요.

감자 2개, 고구마 2개, 튀김가루 1컵, 물1½컵, 소금 약간, 후춧가루 약간

치즈떡볶이

분량 **2인분**
조리시간 **20분**

떡볶이와 고소한 치즈는 정말 환상의 짝꿍이에요.
사르르 녹아내리는 치즈는 보기만 해도 침이 꼴딱 넘어갈 거예요.

🍳 준비하기

떡볶이떡 35개, 양파 1개, 대파 1대, 물 1컵, 치즈 2장

떡볶이 소스: 설탕 3숟가락, 고춧가루 2숟가락, 다진 마늘 1숟가락, 진간장 2숟가락, 고추장 1숟가락

🍲 만들기

1 떡볶이떡을 찬물에 10분 정도 불려요.

2 떡볶이 소스를 만들어요.

3 양파는 채썰고, 대파는 먹기 좋은 크기로 썰어요.

4 프라이팬에 식용유를 한 바퀴 두르고 양파와 대파를 살짝 볶아요.

5 냄비에 물을 넣고 끓인 뒤 떡과 떡볶이 소스를 넣고 졸여가며 끓여요.

떡볶이 완성~~

잠깐!

치즈를 안 넣었잖아요~

아차차!

치즈떡볶이에 치즈가 빠지면 안 되지~

6 치즈를 올리고 녹으면 완성!

케첩떡볶이

분량 **2인분**
조리시간 **20분**

매운맛이 익숙하지 않은 어린아이가 있는 집이라면 맵지 않게 새콤달콤한 케첩떡볶이를
만들어 주세요. 빨간색이면 다 매운 줄 아는 우리 아이에게 케첩을 넣어 만든 떡볶이는
매운 걸 못 먹는 아이들도 '나 매운 거 잘 먹어!' 하는 자신감까지 키워주는 메뉴가 된답니다.

떡볶이떡 35개, 물 3컵, 다시마(5cm x 5cm) 2장, 국물용 멸치 3개, 어묵 4장, 대파 1대

케첩 소스: 진간장 1/2숟가락, 다진 마늘 1/2숟가락,
케첩 3숟가락, 올리고당 1숟가락, 고추장 1/2숟가락

아이들 간식은 역시
떡볶이가 최고!

난
매운 거!

난 안 매운 거!

흐음~ 둘 다 할 수
없을 땐…

새콤달콤
케첩떡볶이지~!

🍲 만들기

1

떡볶이떡을 찬물에
10분 정도 불려요.

2

케첩 소스를
섞어요.

3

냄비에 물 3컵, 다시마, 멸치를
넣고 물이 끓어오르면 불을 끈 뒤
건더기를 건져요.

4

어묵과 대파는
먹기 좋은 크기로
썰어요.

5

육수에
떡, 어묵, 파를 넣고
끓여요.

6

케첩 소스를 넣고 졸이듯
끓이면 완성!

냉동만두강정

만날 먹는 간식 말고 특별한 간식을 먹고 싶을 때 만두로 강정을 만들어 주세요.
맛있는 양념장과 고소한 잣이 아이들 입맛을 사로잡아요.

🍳 준비하기

냉동만두 1봉지, 잣 ½컵

양념장: 설탕 1숟가락, 다진 마늘 ½숟가락, 진간장 1½숟가락, 케첩 1숟가락, 고추장 1숟가락

아빠, 닭강정 먹고 싶어요~

흐음~ 강정 집이 오늘 쉬는 날이네…

날 쓰시게!!

!!

오, 냉동만두~

날 닭강정보다 맛있게 만들어 주게나!

🏠 만들기

1

프라이팬에 식용유를 넉넉히 두른 뒤

약불에서 뚜껑을 닫고 냉동만두를 튀겨요.

2

양념장을 섞어요.

3

만두가 익으면 양념장을 넣고 버무려요.

4

잣을 넣고 버무려요.

라면땅

분량 **2인분**
조리시간 **15분**

어린 시절 즐겨 먹던 간식을 아이에게도 만들어 주세요.
바삭바삭 고소하고 달콤한 라면땅은 아이들 입맛에도 잘 맞아요.

🍄 준비하기

라면 1개, 버터 1숟가락, 설탕 1숟가락

탕! 탕! 탕!

아빠?
뭐 하세요?
라면~
따니!
라면~
따니!

라면땅
만들어 줄게~
예스~~~

🍲 만들기

1

라면을 비닐봉지에 넣고
한입 크기로 부셔요.

2

프라이팬에 버터를
넣고 녹여요.

3

부순 라면을 넣고 노릇해질
때까지 살짝 볶아요.

4

설탕을 넣고 볶아요.

TIP 설탕 대신 올리고당 2숟가락을 넣어도 좋아요.

14 눌은밥

분량 **1인분**
조리시간 **20분**

남을 밥을 활용해 프라이팬으로 누룽지를 만들어 보세요. 그냥 먹어도 맛있지만 물을 넣고
푹 끓이면 담백하고 고소한 눌은밥을 만들 수 있어요. 아이들이 출출해할 때 만들어주면 좋아요.

🍳 준비하기

밥 1공기, 물 3컵

진짜~ 진짜~ 요리할
재료가 아무것도 없을 때!

진짜~ 진짜~
밥만 있을 때~!

누룽지가
최고!

간식으로
최고!

🏠 만들기

1

식용유를 살짝 두른
프라이팬에 밥을 넣어요.

2

주걱에 물을 묻혀가며
밥을 얇게 펴요.

중불과 약불로 조절해가며
노릇하게 구워요.

3

한쪽 면이 익으며
뒤집어서 마저 익혀요.

4

냄비에 물, 누룽지를 넣고
끓여요.

5

물이 끓기 시작하면 주걱으로
누룽지를 풀어가며 끓여요.

15 당근버섯죽

분량 2인분
조리시간 25분

끼니를 시원찮게 먹은 날 만들면 좋은 간편 죽이에요. 잘게 썬 버섯과 당근을 넣고 끓인 뒤
마무리로 참기름과 통깨를 뿌리면 한 끼 식사로 손색없는 맛있는 영양만점 죽이 완성돼요!

🍄 준비하기
밥 1공기, 물 2컵, 표고버섯 2개, 당근 1/4개, 소금 약간, 참기름 1숟가락, 통깨 약간

헉!
56시간!

밥을 버리는 건
너무 아까운데…

냉장고에 있는
당근과 버섯만
있으면 오케이~!

🍲 만들기

1

위이이잉~

믹서에 밥과
물을 넣고
갈아요.

2

표고버섯과
당근을 작게
썰어요.

3

믹서에 간 밥을
냄비에 넣고 끓어오르면
당근과 표고버섯을 넣어요.

4

밥이 냄비 바닥에
눌러 붙지 않도록
약불에서 10분 정도
저어가며 끓여요.

5

소금으로 간을 해요.

6

그릇에 담아 참기름을
두른 뒤 통깨를 뿌려요.

16 밀크셰이크

분량 2~3인분
조리시간 10분

아이들이 신나게 뛰어놀고 땀에 젖어 들어왔을 때 시원하게 더위를 식혀줄 수 있는
밀크셰이크를 소개해요. 아이스크림에 얼음과 우유를 넣어 믹서에 갈아주면
간편하면서도 맛있는 음료를 만들 수 있어요.

🍳 준비하기

얼음 5개, 바닐라 아이스크림 4숟가락, 우유 3컵, 설탕 1숟가락

후아~ 아빠! 너무 더워요~ 뭐 시원한 거 없어요?

시원한 거… 시원한 거…

셰이킷~ 셰이킷~

밀크셰이크~! 금방 만들어 줄게~

🍲 만들기

1

얼음은 봉지에 넣고 작게 부셔요.

TIP 아이스크림과 잘 섞이게 하기 위한 과정이에요.

2

부신 얼음을 믹서에 넣어요.

3

바닐라 아이스크림을 넣어요.

4

우유와 설탕을 넣고 곱게 갈아요.

요구르트파르페

분량 **2인분**
조리시간 **5분**

요구르트는 든든하고 맛있게 먹을 수 있는 어린이 대표 간식이랍니다. 요구르트 위에
시리얼과 딸기잼을 넣어 간단하지만 특별한 요구르트파르페로 아빠표 디저트를 뽐내요.

🧁 **준비하기**

플레인 요구르트 2개, 시리얼 1줌, 딸기잼 1숟가락

🍲 **만들기**

1

2

3

PART 5

100% 성공하는
아빠표
손님 초대 요리

손님상이나 생일상처럼 특별한 상을 차려야 할 때가 있죠?
너무 고민하지 마세요! 여기 간단하면서 당신의 식탁을
고급스럽게 만들어 줄 마법 같은 요리가 있어요.
두려움은 저 멀리 던져버리시고 아빠의 힘을 보여주세요!

돈가스덮밥

분량 **2인분**
조리시간 **30분**

따뜻한 밥 위에 돈가스와 간장에 절인 양파로 간을 맞추면 바삭한 돈가스와는
또 다른 색다른 맛의 돈가스를 만들 수 있어요. 만들기도 쉬워 손님 초대 요리도 강력 추천해요!

🍲 준비하기

양파 1개, 대파 약간, 달걀 2개, 돈가스 2덩이, 물 ½컵, 설탕 1큰술, 간장 2큰술,
후춧가루 약간, 밥 2공기

냉동실에 먹을 게 좀 있나…

뒤적뒤적

허억!

덜덜덜덜

냉동돈까스

돈가스야~ 너무 추웠지?

이제 따뜻하게 해줄게~

🍲 만들기

1

양파는 채썰고, 대파는 송송 썰어요.

달걀을 풀어요.

2

프라이팬에 식용유를 넉넉히 두르고 약불에서 뚜껑을 닫고 돈가스를 튀겨요.

3

돈가스를 먹기 좋은 크기로 썰어요.

4

프라이팬에 물을 넣고 끓어오르면 설탕과 간장을 넣고 섞은 뒤 양파를 넣고 투명해질 때까지 끓여요.

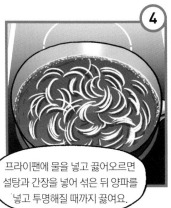

5

돈가스를 졸여진 양파 위에 올리고,

달걀물을 둘러 넣고 약불로 익혀요.

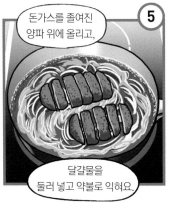

6

후춧가루를 뿌리고, 파를 얹은 뒤 밥 위에 올려 완성.

목살스테이크

분량 2~3인분
조리시간 30분

손님 초대 요리에서 빠질 수 없는 고기! 잘 구운 목살스테이크는 소고기 못지않게 부드러워요.
버섯과 아스파라거스, 당근 등의 채소를 곁들어 함께 먹어요.

🍳 준비하기

돼지고기 목살 2덩이(300g), 소금 약간, 후춧가루 약간, 새송이버섯 1개, 당근 1/2개,
아스파라거스 3줄기, 버터 1큰술

스테이크 소스: 진간장 2큰술, 케첩 2큰술, 올리고당 1큰술

한우스테이크를
대접하고 싶지만…

한두 명도
아니고…

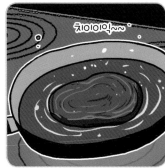

치이이이익~~

잘 구운 목살스테이크!
한우스테이크가 안 부럽지~

🍲 만들기

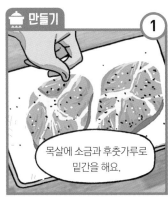

1

목살에 소금과 후춧가루로
밑간을 해요.

2

새송이버섯은 세로로 썰고,
당근은 먹기 좋은 크기로 썰어요.

아스파라거스는
이등분해요.

3

프라이팬에 올리브유를
한 바퀴 두르고 손질한
채소를 구워요.

소금, 후춧가루
솔솔~

4

스테이크 소스를
섞어 2분 정도 끓여요.

5

프라이팬에 목살과 버터를
넣고 강한 불에서 앞뒤로
노릇하게 구워요.

6

접시에 목살과
채소를 담고 스테이크 소스를
곁들여요.

TIP 젓가락으로 가운데를 찔렀을 때 단단하면
다 익은 거예요.

새우샐러드

메인 메뉴를 내놓기 전에 입맛을 돋우는 샐러드를 준비해보세요.
샐러드는 넣는 재료에 따라 다양한 맛을 즐길 수 있어요.
아삭아삭한 상추에 마늘과 새우를 볶아 얹으면 인기 만점 샐러드 완성!

🍳 준비하기

새우 살 1컵, 후춧가루 약간, 샐러드채소 2줌, 토마토 1개, 마늘 5쪽, 버터 1숟가락,
머스터드소스 1숟가락, 마요네즈 1숟가락

흠음... 손님상을 좀
럭셔리하게 만들고
싶은데…

스테이크가
있으니…

샐러드가 있으면
좋겠지?

새우가 함께하면
럭셔리 샐러드 완성~

🍲 만들기

1

새우 살에 후춧가루를
뿌려 밑간해요.

2

토마토는 먹기 좋은
크기로 썰고, 마늘은
얇게 썰어요.

샐러드채소는
물기를 제거해요.

3

프라이팬에 버터를 녹인 뒤
새우와 마늘을 볶아요.

4

그릇에 샐러드채소를 넣고
새우, 마늘, 토마토를 올려요.

5

머스터드소스와
마요네즈를 뿌리면
완성!

치킨텐더샐러드

닭가슴살을 튀겨 각종 채소와 머스터드, 케첩 소스를 뿌려 상 위에 올리면
맛도 좋고 보기에도 좋은 샐러드가 완성됩니다. 손님상에 제격이겠죠?

🍳 준비하기

튀김가루 2컵, 물 3컵, 후춧가루 약간, 닭가슴살 3덩이, 상추 20장, 방울토마토 10개,
머스터드소스 2숟가락, 케첩 2숟가락

와~ 정말 푸짐하네요!

정말 맛있어요~

후훗!

아직 안 나온 메뉴가 하나 더 있지요~

짜잔~!
치킨텐더샐러드로
손님상 완료!

🍲 만들기

1

튀김가루에 물을 섞어 반죽을 만든 뒤 후춧가루를 넣어요.

2

닭가슴살을 손가락 크기로 썰고 반죽에 넣은 뒤 버무려요.

3

상추는 먹기 좋은 크기로 썰고,

방울토마토는 꼭지를 떼요.

4

프라이팬에 식용유를 넉넉히 두르고 센 불에서 닭가슴살을 노릇하게 튀겨요.

5

그릇에 상추와 방울토마토를 넣고 치킨텐더를 올려요.

6

머스터드소스와 케첩을 뿌려요.

TIP 튀긴 닭가슴살은 키친타월에 올려 기름을 빼요.

05 닭한마리칼국수

분량 4인분
조리시간 40분

남녀노소 누구나 좋아하는 닭한마리칼국수.
담백한 닭육수에 먹기 좋게 손질된 닭고기와 칼국수면은 건강식으로도 손색없어요.
손님 접대에 몸보신까지 할 수 있으니 더할 나위 없이 좋은 메뉴랍니다.

닭 1마리, 감자 3개, 대파 1대, 소금 1/2숟가락, 후춧가루 약간, 칼국수면 550g,

육수 재료: 마늘 10쪽, 대파 2대, 양파 1개, 물 9컵

50년 전통 닭한마리칼국수! 오옷! 너무 맛있어!

손님상으로 내면 아주 딱이겠는 걸?

친구들아~ 닭한마리칼국수 먹으러 와라~

🍲 만들기

1

닭은 깨끗이 씻어요.

마늘을 제외한 육수 재료는 큼직하게 썰어요.

2

냄비에 닭과 **육수 재료**를 넣고 닭이 익을 때까지 끓여요.

3

감자는 먹기 좋은 크기로 썰고, 대파는 송송 썰어요.

4

잘 삶아진 닭은 건져 살코기를 발라요.

5

육수 재료와 기름을 걷어낸 뒤 살코기, 감자, 대파를 넣고 소금, 후춧가루로 간을 해요.

6

칼국수면에 묻어 있는 전분가루를 찬물로 씻은 뒤

감자가 익을 즈음 넣고 끓이면 완성!

06 봉골레파스타

분량 2인분
조리시간 25분

이탈리아어로 조개를 뜻하는 봉골레. 바지락을 듬뿍 넣어 감칠맛을 살린 봉골레파스타는
간단하면서도 분위기 있는 식탁을 만들어주는 일등공신이랍니다.

🍳 준비하기

마늘 7쪽, 새송이버섯 2개, 바지락 20개, 소금 1/2숟가락, 파스타면 2줌,
화이트와인 3숟가락, 후춧가루 약간, 파슬리가루 약간

봉골레
하나~

ㅋ ㅋ ㅋ ㅋ

공벌레
하나~

🍲 만들기

1

마늘은 얇게 썰고,
새송이버섯은 먹기
좋은 크기로 썰어요.

해감한
바지락은 물에
한번 씻어요.

TIP 봉지 바지락을 이용하면 해감을 안 해도
돼서 편리해요.

2

냄비에 물을 넉넉히 넣어 끓인 뒤
소금(1/2숟가락), 파스타면을
넣고 7분 정도 삶아요.

3

프라이팬에 올리브오일을
넉넉히 두른 뒤 마늘과 새송이버섯을
넣고 중불에서 볶아요.

4

마늘이 노릇해지면 바지락,
화이트와인을 넣고 뚜껑을
닫아요.

TIP 화이트와인이 없다면 맛술을 사용해요.

5

조개가 입을 벌리고
조개에서 육수가 나오면
익은 면을 넣고 소금(약간)과
후춧가루로 간을 해요.

6

면수 1/2컵을 넣고
1분 정도 젓가락으로
저어가며 볶아요.

7

접시에 파스타를
담고 파슬리가루를
뿌려요.

소불고기

분량 4인분
조리시간 50분

손님 초대 요리하면 빠지지 않는 메뉴가 바로 소불고기예요. 버섯과 양파 등을 넣어
간장, 참기름으로 맛을 낸 불고기는 아이들 한 끼 식사로도 좋고 손님상으로도 좋아요!

🍳 준비하기

소불고기용 600g, 양파 2/3개, 대파 2/3대, 팽이버섯 1덩이, 물 1½컵,
참기름 1/2숟가락, 검은깨 약간

양념장 재료: 설탕 3숟가락, 다진 마늘 1숟가락, 진간장 10숟가락, 매실액 4숟가락,
후춧가루 약간

헉!
내일이네!

어떡하지~
손님 대접할 메뉴를
못 정하겠어~

뭘
고민해~~

소불고기 하나면
손님 접대 끝!

아하!!

🍲 만들기

1

소불고기용 고기를
물에 5분 정도 담가
핏물을 제거해요.

2

양파는 채썰고,
대파는 길고
가늘게 썰어요.

팽이버섯은
밑동을 자른 뒤
결대로 찢어요.

3

양념장 재료를
섞어요.

4

핏물을 제거한 고기에
양념장, 양파를 넣고
30분 정도 재워요.

5

냄비를 센불에 달군 뒤
소불고기, 버섯, 물을 넣고
볶아요.

6

고기가 다 익었으면
대파를 올리고
참기름과 검은깨를 뿌려요.

188

189

INDEX

오늘도 감사히 잘
먹겠습니다!

아빠 요리

초판 1쇄 발행 2018년 11월 5일
초판 2쇄 발행 2023년 8월 1일

지은이 김인호
펴낸이 김영조
편집 김시연 | **디자인** 이병옥 | **마케팅** 김민수 | **제작** 김경묵 | **경영지원** 정은진 | **외주디자인** ALL design group
펴낸곳 싸이프레스 | **주소** 서울시 마포구 양화로7길 44, 3층
전화 (02)335-0385/0399 | **팩스** (02)335-0397
이메일 cypressbook1@naver.com | **홈페이지** www.cypressbook.co.kr
블로그 blog.naver.com/cypressbook1 | **포스트** post.naver.com/cypressbook1
인스타그램 싸이프레스 @cypress_book | 싸이클 @cycle_book
출판등록 2009년 11월 3일 제2010-000105호

ISBN 979-11-6032-050-3   13590